Domenico de Falco
Seconda Università degli studi di Napoli

Giandomenico Di Massa **Stefano Pagano**
Università degli studi di Napoli "Federico II"

Cinematica e dinamica del corpo rigido

Titolo originale:
CINEMATICA E DINAMICA DEL CORPO RIGIDO
Domenico de Falco, Giandomenico Di Massa, Stefano Pagano

Stampato presso LULU.COM
per conto di:
DIII – via Roma, 29 – 81031 Aversa (CE)
Tel.: 081 – 5010203
ISBN #: 978-1-291-53413-9
ID del contenuto: 14058061

ISBN 978-1-291-53413-9
90000
9 781291 534139

CINEMATICA E DINAMICA DEL CORPO RIGIDO

Sommario

1 RICHIAMI DI CINEMATICA DEL PUNTO

1.1 PUNTO DELLO SPAZIO. PUNTO DEL CORPO. POSIZIONE E SPOSTAMENTO DI UN PUNTO. PUNTO MATERIALE.

Il punto è un concetto primitivo di cui siamo dotati, espresso come un'entità aggettivata, come si vedrà tra poco, in dipendenza del contesto in cui viene definito. In ogni caso però, esso ha la proprietà di avere dimensioni infinitesime nel senso di occupare una regione di dimensioni tendenti a zero. Si distingue allora tra i seguenti diversi tipi di punto.

Un punto P dello spazio fisico tridimensionale sarà qui inteso come un punto geometrico o punto posizione e chiamato semplicemente *posizione* nello spazio fisico (Fig. 1.1). Esso occupa, cioè, una regione dello spazio fisico di dimensioni tendenti a zero. L'esperienza mostra che, in un sistema di riferimento di origine O ed assi (rette passanti per O) x, y, z, basta un insieme di 3 numeri detti coordinate della posizione per individuarlo univocamente. La scelta di questo insieme di 3 numeri è, entro certi limiti, arbitraria. In seguito si daranno alcuni esempi. Fissato allora un sistema di riferimento nello spazio di origine O ed assi x, y, z mutuamente ortogonali, ogni punto (geometrico) dello spazio, cioè ogni posizione, è individuata dal vettore $\mathbf{u}_P = (P - O)$

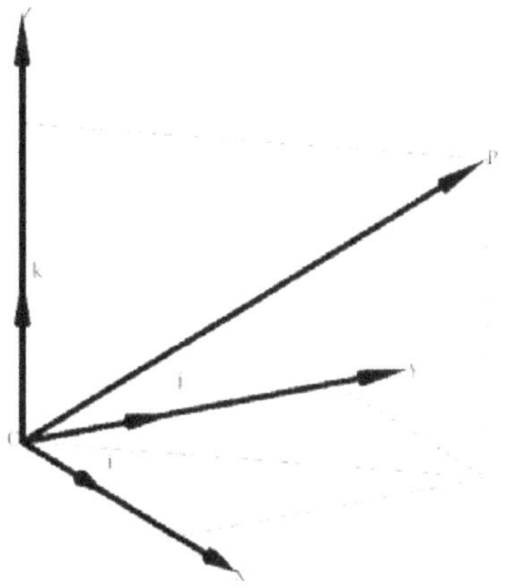

Fig. 1.1: Posizione di un punto nello spazio

Un punto di un corpo o di un insieme di corpi, che d'ora in poi potrà indicarsi anche con il generico termine di sistema, ha la proprietà di occupare una regione del corpo di dimensioni infinitesime e sarà qui inteso come *punto fisico* del corpo. Un corpo è in genere fatto di un numero intero positivo di punti fisici che saranno indicati in questa trattazione con una lettera maiuscola con un indice numerico per distinguere i vari punti. In termini simbolici ad esempio si dirà che il corpo C è fatto dall' insieme di punti $\{A1,\ A2,\ \ldots\ An\}$ con la scrittura: $C \equiv \{A1,\ A2,\ \ldots\ An\} \equiv \{Ai\}_{i=1..n}$. Ovviamente può essere $n = \infty$.

Ad un punto fisico A può essere associato un insieme di s punti *geometrici* dello spazio fisico $P_A \equiv \{P_A(1),\ P_A(2),\ \ldots,\ P_A(s)\} \equiv \{P_A(j)\}_{j=1..s}$ ovvero un insieme di s posizioni dello spazio (essendo $P_A \equiv \{P_A(j) - O\}_{j=1..s} \equiv \{P_A(j)\}_{j=1..s}$), come si dirà d'ora in poi. Questa corrispondenza tra il punto fisico A e l'insieme P_A delle sue posizioni (insieme di punti geometrici) può indicarsi con la seguente simbologia: $A \to P_A \equiv \{P_A(j)\}_{j=1..s}$. La differenza tra 2 posizioni $P_A(i)$ e $P_A(j)$ cioè $\Delta P_{ij} = P_A(i) - P_A(j)$ è detta spostamento di A dalla posizione $P_A(j)$ alla posizione $P_A(i)$. Se $P_A(j)$ coincide con l'origine O del riferimento allora: $\Delta P_{Ai0} = P_A(i) - O = P_A(i)$ cioè lo spostamento di A dall' origine O alla posizione $P_A(i)$ coincide con la posizione $P_A(i)$ ed ecco perché spesso (in maniera purtroppo un po' fuorviante) si definisce $P_A(i)$ spostamento di A invece che posizione di A.

Si estende la nozione di posizione di un punto fisico ad un corpo dicendo semplicemente che la posizione di un corpo è data dall'insieme delle posizioni di tutti i suoi punti. Cioè dato il corpo

$$C \equiv \{A1,\ A2,\ \ldots\ An\} \equiv \{Ai\}_{i=1..n} \qquad (1.1.1)$$

una posizione $P_C(j)$ di questo è definita dall'insieme:

$$P_C(j) \equiv \{P_{A1}(j),\ P_{A2}(j),\ \ldots\ P_{An}(j)\} \equiv \{P_{Ai}(j)\}_{i=1...n}. \qquad (1.1.2)$$

Pertanto, ad esempio, un insieme di posizioni del corpo $C \equiv \{Ai\}_{i=1..n}$ è dato da

$$P_C \equiv \{P_C(1),\ P_C(2),\ \dots\ P_C(s)\} =$$

$$= \left\{ \begin{array}{l} \{P_{A1}(1),\ P_{A2}(1),\ \dots\ P_{An}(1)\}, \{P_{A1}(2),\ P_{A2}(2),\ \dots\ P_{An}(2)\},\dots, \\ \{P_{A1}(s),\ P_{A2}(s),\ \dots\ P_{An}(s)\} \end{array} \right\} =$$

$$= \left\{ \{P_{Ai}(j)\}_{i=1..n} \right\}_{j=1..s}$$

Si dirà punto materiale un punto fisico a cui si associa un numero che indica la massa ad esso associata e lo si indicherà con (A, m_A). Un insieme Σ di punti materiali sarà indicato con la seguente scrittura

$$\Sigma \equiv \{(A_1, m_{A1}),\ (A_2, m_{A2}),\dots,(A_n, m_{An})\} \equiv \{(A_i, m_{Ai})\}_{i=1..n} \quad (1.1.3)$$

Tale insieme è detto anche sistema di punti materiali se si indicano come elementi separatamente i punti e le masse e non l'intera parentesi, cioè:

$$\Sigma \equiv \{A_1, m_{A1}, A_2, m_{A2}, A_n, m_{An}\} \equiv \{A_i, m_{Ai}\}_{i=1..n} \quad (1.1.4)$$

ovvero se di esso fanno parte altri elementi di natura diversa come ad esempio le velocità, le forze interne, i vincoli, ecc.

1.2 SPAZIO DI CONFIGURAZIONE E NUMERO DI GRADI DI LIBERTÀ DI UN SISTEMA.

Come si è detto nel paragrafo 1.1, l' esperienza mostra che basta un insieme di 3 o più numeri, detti coordinate della posizione, per individuare una posizione dello spazio fisico univocamente. La scelta di quest' insieme non è univoca. Ad esempio, se si dota ognuno dei 3 assi della terna di riferimento di una coordinata cartesiana e cioè ad ogni punto di un asse si fa corrispondere un numero che indica la sua distanza dall' origine O e si indicano, come di consueto, tali coordinate in generale con x, y, z, una qualsiasi posizione P dello spazio è univocamente determinata facendo variare ognuna delle coordinate x, y, z nell' intervallo $]-\infty, +\infty[$ in maniera indipendente l'una dall'altra. Un'altra scelta possibile di coordinate, per individuare univocamente ogni punto dello spazio, è quella delle 3 coordinate sferiche r, ϑ, φ, (Fig. 1.2) in numero quindi ancora di 3, che pertanto possono variare indipendentemente negli intervalli rispettivi $r \in]-\infty, +\infty[$, $\vartheta \in [-\pi, +\pi]$, $\varphi \in [-\pi, +\pi]$ stabilendo così la corrispondenza con tutti i punti dello spazio fisico.

Ogni insieme di coordinate in grado di rappresentare univocamente ogni posizione possibile del sistema in esame, che finora è un punto che può assumere qualsiasi posizione dello spazio fisico, viene detto spazio di configurazione del sistema.

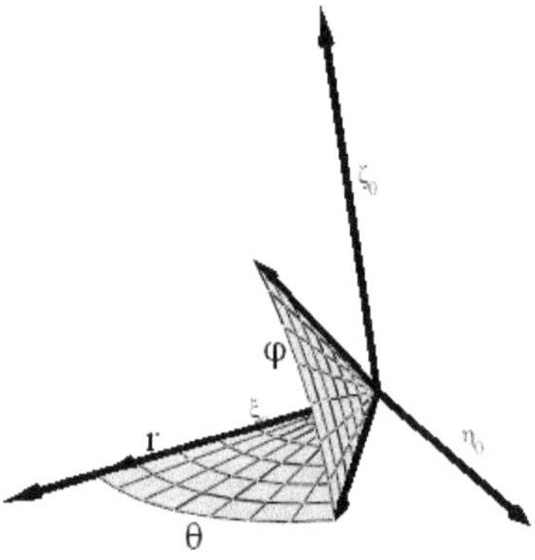

Fig. 1.2: Coordinate sferiche nello spazio fisico.

Per esempio, quindi, lo spazio definito dalle coordinate r, ϑ, φ è uno spazio di configurazione per il punto materiale che può assumere tutte le posizioni nello spazio fisico. Tale spazio di configurazione è geometricamente rappresentabile in un sistema di riferimento di origine O_c e 3 assi ortogonali su cui sono disposti 3 sistemi di coordinate cartesiane che rappresentano i valori di r, ϑ e φ. Esso ha le seguenti due proprietà:

a) ad ogni posizione nello spazio fisico del punto corrisponde una posizione nello spazio di configurazione cioè una terna di numeri r, ϑ, φ (condizione necessaria affinché la terna r, ϑ, φ sia rappresentativa di una posizione del sistema)

b) ad ogni punto dello spazio di configurazione, e cioè ad ogni terna di numeri r, ϑ e φ arbitrariamente scelta assegnando 3 numeri, corrisponde una posizione "possibile" del punto materiale (condizione sufficiente affinché la terna r, ϑ, φ sia rappresentativa di una posizione del sistema). Tale arbitrarietà nella scelta sta a significare che i valori che si possono assegnare a r, ϑ e φ sono tra di loro del tutto indipendenti, cioè non esiste alcuna relazione tra 2 o più di tali coordinate che debba essere verificata affinché la scelta fatta sia rappresentativa di una posizione fisica "possibile" del sistema.

Si osservi che la scelta di un numero di coordinate minore di 3, per esempio 2, per questo sistema, non è sufficiente per definire univocamente ogni posizione fisica del sistema.

Il minimo numero di coordinate necessarie e sufficienti a definire univocamente ogni posizione possibile di un sistema è detto "numero di gradi di libertà del sistema".

Pertanto per il sistema costituito da un punto che possa assumere tutte le posizioni dello spazio fisico il numero di gradi di libertà è 3.

Come sarà specificato meglio nel seguito, l'individuazione univoca della posizione fisica di un sistema generico, anche quando è costituito da un unico punto, è necessaria per la risoluzione di qualsiasi problema di meccanica. Negli esempi citati, per individuare univocamente la posizione di un punto nello spazio fisico sono state fatte 2 scelte alternative, rispettivamente x, y, z e r, ϑ, φ entrambe però caratterizzate da un numero di coordinate pari proprio al numero di gradi di libertà del sistema. Ciò non è necessario nel senso che può scegliersi anche un sistema di coordinate in numero maggiore al numero di gradi di libertà purché la condizione a) sia verificata mentre la condizione b) lo sia non per qualsiasi scelta delle coordinate ottenuta assegnando arbitrariamente un valore ad ognuna di esse bensì solo per un sottoinsieme di tali scelte che verifichi una o più relazioni tra le coordinate e cioè solo se tale sottoinsieme è compatibile con i "vincoli" nello spazio di configurazione che si è scelto.

Il seguente esempio dovrebbe chiarire quanto appena detto. Sia assegnato il sistema punto che può assumere tutte le posizioni appartenenti ad una superficie sferica di raggio r nello spazio fisico. Se si sceglie come insieme delle coordinate rappresentative di qualsiasi posizione possibile la coppia di numeri che indicano la longitudine e la latitudine in un riferimento con origine O nel centro della superficie $LONG, LAT$ allora la condizione a) è soddisfatta poiché ad ogni posizione del sistema nello spazio fisico corrisponde una coppia di tali numeri ed anche la condizione b) lo è poiché ad una qualsiasi coppia di numeri assegnata a $LONG, LAT$, indipendenti l'uno dall'altro, corrisponde una posizione possibile del sistema.

Viceversa se si sceglie di rappresentare la posizione del sistema mediante x, y, z, r dove le prime 3 coordinate sono quelle fin qui già considerate ed r è la lunghezza del vettore $P-O$ (vd. Fig. 1.1) è evidente che la scelta dei valori da dare a queste coordinate affinché rappresentino una posizione possibile del punto nello spazio fisico, non può essere del tutto arbitraria poiché è necessario che sia verificata la relazione $x^2+y^2+z^2=r^2$ che viene detta equazione di vincolo del sistema nello spazio di configurazione x, y, z, r. Si osservi che la presenza ed il numero di equazioni di vincolo dipende dal numero di coordinate scelto (ovvero dalla dimensione dello spazio di configurazione) rispetto al numero di gradi di libertà del sistema (che è invece una caratteristica del sistema) e precisamente si può scrivere:

$$N_{GDL} = n_{coo} - m_{vinc} \tag{1.2.1}$$

con N_{GDL} numero di gradi di libertà del sistema, n_{coo} numero di coordinate scelte (o dimensione dello spazio di configurazione) ed m_{vinc} numero di equazioni di vincolo.

Si consideri adesso un punto fisico A e si supponga che possa assumere qualsiasi posizione P_A dello spazio fisico. Siano

$$[P_A]_c = \begin{bmatrix} x_A \\ y_A \\ z_A \end{bmatrix} \quad \text{e} \quad [P_A]_s = \begin{bmatrix} r_A \\ \vartheta_A \\ \varphi_A \end{bmatrix} \tag{1.2.2}$$

le due rappresentazioni di P_A in coordinate rispettivamente cartesiane e sferiche (in termini di vettori numerici). In questo caso $[P_A]_c$ e $[P_A]_s$ possono assumere qualsiasi valore nei rispettivi spazi. Ciò significa anche che, per ognuno di essi, le componenti possono assumere qualsiasi valore l'una indipendentemente dall'altra, e rappresentare sempre una posizione possibile del sistema. Pertanto

I due vettori (numerici) nella (1.2.2), avendo ovviamente componenti differenti, sono diversi tra loro ma rappresentano lo stesso vettore P_A. Si dirà, appunto, che $[P_A]_c$ e $[P_A]_s$ sono le

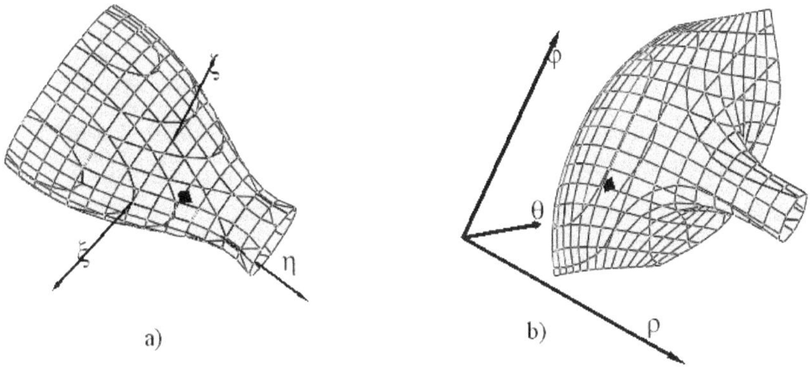

Fig. 1.3: Rappresentazione del luogo di posizioni di un punto fisico in uno spazio di configurazione a) in coord. cartesiane b) in coord. sferiche

rappresentazioni dello stesso vettore P_A nei due spazi di configurazione rispettivamente di coordinate x, y, z ed r, ϑ, φ (Fig. 1.3). Si osservi che lo spazio di configurazione in coordinate cartesiane x, y, z coincide geometricamente con la rappresentazione usuale che si da dello spazio fisico e pertanto, geometricamente e visivamente, gli insiemi di posizioni assunte da A in ognuno dei due spazi coincidono.

Viceversa può verificarsi che il sistema costituito dal punto fisico A debba soddisfare la richiesta di occupare soltanto un certo sottoinsieme delle posizioni dello spazio fisico (per esempio quelle che appartengono ad una superficie, vd. Fig. 1.3, o ad una curva). In tal caso la rappresentazione delle posizioni "possibili" sarà diversa a seconda dello spazio di configurazione in cui è espressa tale condizione (vincolo).

1.3 MOTO DI UN PUNTO IN UN INTERVALLO DI TEMPO Δt

Assegnato un intervallo Δt, si dice moto M_A di un punto A (fisico) nell' intervallo Δt, in un sistema di riferimento di origine O, l'insieme delle posizioni $P_A(t) - O = P_A(t)$ assunte da A al variare del tempo nell' intervallo Δt. Pertanto, come risulta immediatamente anche indicando simbolicamente quando detto:

$$M_A : \forall t \in \Delta t \rightarrow P_A(t) \quad (1.3.1)$$

M_A è, cioè, una funzione vettoriale definita dalla corrispondenza tra l' istante t e il vettore posizione $P_A(t)$ del punto A all' istante t. Essendo M_A una funzione in una sola variabile scalare, la sua rappresentazione geometrica nello spazio di configurazione è una curva. Questa curva dello spazio di configurazione è detta *traiettoria* del sistema nel moto M_A. Si può allora anche dire che la traiettoria di un punto A, in un moto M_A che avviene in un intervallo Δt, è il luogo delle posizioni assunte da A nello spazio di configurazione nell'intervallo Δt. Tale insieme di posizioni dev'essere un sottoinsieme delle *posizioni possibili* del sistema (dette anche *posizioni compatibili con i vincoli*), cioè ognuna di esse deve verificare le equazioni di vincolo. Dal punto di vista geometrico (come si può dimostrare), esso è allora un sottoinsieme dei punti dello spazio di configurazione definito dall'intersezione delle superfici rappresentative dei vincoli in questo spazio.

1.4 SPOSTAMENTO ALL' ISTANTE t E MOTO DI UN CORPO IN UN INTERVALLO DI TEMPO Δt

La nozione di moto di un punto fisico si estende ad un corpo $C \equiv \{Ai\}_{i=1..n}$ dicendo semplicemente che il moto M_C di un corpo in un intervallo Δt, in un sistema di riferimento di origine O, è l'insieme delle posizioni $P_C(t)=\{P_{A1}(t),\ P_{A2}(t),\ \dots\ P_{An}(t)\}=\{P_{Ai}(t)\}_{i=1..n}$ assunte da C al variare del tempo nell' intervallo Δt e cioè, anche, l'insieme dei moti dei punti A_i ∀i=1..n del corpo C. Pertanto, come risulta immediatamente anche indicando simbolicamente quando detto:

$$\mathrm{M}_C : \forall t \in \Delta t \rightarrow P_C(t)=\{P_{Ai}(t)\}_{i=1..n} \tag{1.4.1}$$

M_C è una funzione vettoriale che all' istante t fa corrispondere i vettori posizione $P_{Ai}(t)$ ∀i=1..n degli n punti A_i del corpo all' istante t. Essendo ognuna delle funzioni $P_{Ai}(t)$ ∀i=1..n una funzione in una sola variabile scalare, le rappresentazioni geometriche di ognuna di queste funzioni nello spazio di configurazione è una curva che è la traiettoria del punto A_i ∀i=1..n nello spazio di configurazione. L'insieme di tali traiettorie, e cioè delle traiettorie di tutti i punti del sistema, è definito *traiettoria del corpo C* nel moto M_C del sistema.

1.5 VELOCITÀ ED ACCELERAZIONE DI UN PUNTO ALL' ISTANTE t

Dette $P_A(t)$ e $P_A(t+dt)$ le 2 posizioni effettivamente assunte da A agli istanti rispettivamente t e $(t+dt)$ di un moto M_A, lo spostamento

$$dP_A(t)=P_A(t+dt)-P_A(t) \tag{1.5.1}$$

è detto spostamento elementare di A all' istante t.

Dalla (1.5.1) si ricava allora

$$P_A(t+dt)=P_A(t)+dP_A(t) \tag{1.5.2}$$

che pertanto definisce la posizione del punto all' istante "successivo" $(t+dt)$ conoscendo la posizione $P_A(t)$ e lo spostamento elementare $dP_A(t)$ all' istante "precedente" t. Ciò vuol dire che, procedendo di dt in dt, a partire dall'istante iniziale dell'intervallo $\Delta t=[t_0,t_1]$ in cui è definito il moto M_A, se si conoscono la posizione

$P_A(t_0)$ e la successione degli spostamenti elementari $dP_A(t)$ $\forall t \in \Delta t$, si ricava il moto M_A.

Per velocità $\mathbf{v}_A(t)$ di un punto fisico A all' istante t, in un moto M_A, si intende la derivata rispetto al tempo t del vettore spostamento $(P_A(t)-O)$ all' istante t, cioè:

$$\mathbf{v}_A(t)=\frac{d}{dt}(P_A(t)-O)=\frac{d}{dt}P_A(t) \tag{1.5.3}$$

Si osservi che la (1.5.3) può essere scritta nella forma

$$dP_A(t)=\mathbf{v}_A(t)\cdot dt \tag{1.5.4}$$

che definisce il cosiddetto *spostamento elementare* $dP_A(t)$ all' istante t del punto fisico A e cioè lo spostamento infinitesimo effettivo del punto fisico A nel moto M_A all' istante t. La (1.5.4) integrata nell'intervallo $[0,t]$:

$$P_A(t)=P_A(0)+\int_{P_A(0)}^{P_A(t)} dP_A(t)=P_A(0)+\int_0^t \mathbf{v}_A(t)\cdot dt \tag{1.5.5}$$

consente di definire il moto M_A di A nell'intervallo suddetto (vd. (1.3.1)) a partire dalla posizione $P_A(0)$, come una successione di spostamenti elementari $dP_A(t)$ al variare del tempo t.

Infine, in analogia con quanto espresso mediante la (1.3.1) relativamente alla definizione del moto M_A di un punto A nell' intervallo Δt, si definiscono rispettivamente:

- *velocità* $\mathbf{v}_A$ (che a voler esser precisi andrebbe indicata con $\mathbf{v}_A|_{\mathrm{M}_A}$) di un punto (fisico) A nel moto M_A:

$$\mathbf{v}_A \overset{def}{\Leftrightarrow} : \forall t \in \Delta t \rightarrow \mathbf{v}_A(t) \tag{1.5.6}$$

e cioè la legge di corrispondenza che ad ogni istante t del moto M_A fa corrispondere il vettore $\mathbf{v}_A(t)$;

e, analogamente:

- *accelerazione* $\mathbf{a}_A$ di un punto (fisico) A nel moto M_A:

$$\mathbf{a}_A \overset{def}{\Leftrightarrow} : \forall t \in \Delta t \rightarrow \mathbf{a}_A(t) \tag{1.5.7}$$

e cioè la legge di corrispondenza che ad ogni istante t del moto M_A fa corrispondere il vettore $\mathbf{a}_A(t)$;

1.5.1 **Esempio**

Si vuole determinare analiticamente e graficamente, con una procedura approssimata, il moto di un punto A in un piano π_{xy} individuato da un riferimento di origine O ed assi x, y cartesiani, nell'intervallo $\Delta t = [0,1]$ assegnata la velocità $\left[v_A(t)\right]_{x,y} = \begin{bmatrix} \sin(2\pi \cdot t) \\ \cos(4\pi \cdot t) \end{bmatrix}$ in Δt e la posizione $P_A(0) \equiv O$.

Dalla seconda uguaglianza nella (1.5.5) si ottiene:

$$\left[P_A(t)\right]_{x,y} = O + \begin{bmatrix} \int_0^t \sin(2\pi\cdot t)\,dt \\ \int_0^t \cos(4\pi\cdot t)\,dt \end{bmatrix} = \begin{bmatrix} -\dfrac{\cos(2\pi\cdot t)}{2\pi} \\ \dfrac{\sin(4\pi\cdot t)}{4\pi} \end{bmatrix} \tag{1.5.8}$$

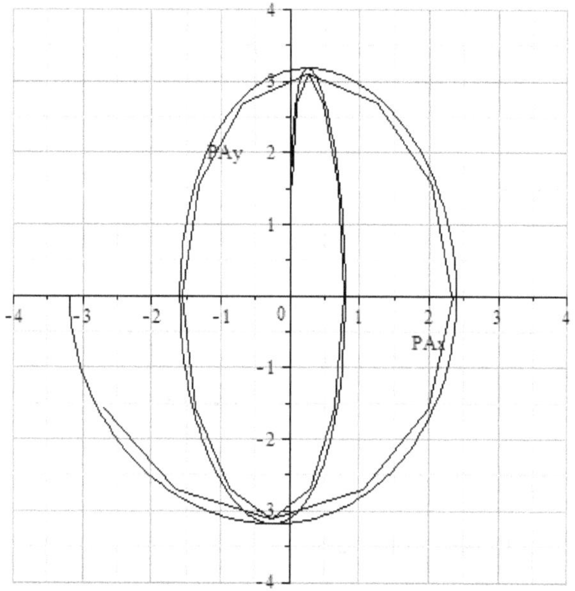

Fig. 1.4: Curva della traiettoria effettiva e poligonale della traiettoria approssimata

Nella Fig. 1.4 si riportano una curva ed una poligonale. La prima è la traiettoria effettiva del punto A nello spazio x, y nel moto M_A, cioè la curva di equazioni parametriche date dalla (1.5.8). La seconda è la traiettoria ottenuta in maniera approssimata dividendo l'intervallo Δt in 24 parti uguali ed assumendo per ogni $dt = 0.083$ che la velocità del punto sia costante e pari al valore medio dei valori agli estremi di questo.

		PA effettivo		(Va(j)+Va(j+1))*0.5		PA approssimato	
n	t	x	y	x	y	x	y
1	0,0833	0,0118	1,5915	0,2083	18,6603	0,0174	1,5550
2	0,1667	0,0867	2,7566	0,9300	13,6603	0,0949	2,6934
3	0,2500	0,2533	3,1831	1,9717	5,0000	0,2592	3,1100
4	0,3333	0,4846	2,7566	2,6934	-5,0000	0,4836	2,6934
5	0,4167	0,7010	1,5915	2,4850	-13,6603	0,6907	1,5550
6	0,5000	0,7958	0,0000	1,0417	-18,6603	0,7775	0,0000
7	0,5833	0,6774	-1,5915	-1,4583	-18,6603	0,6560	-1,5550
8	0,6667	0,3111	-2,7566	-4,3451	-13,6603	0,2939	-2,6934
9	0,7500	-0,2533	-3,1831	-6,6368	-5,0000	-0,2592	-3,1100
10	0,8333	-0,8825	-2,7566	-7,3584	5,0000	-0,8724	-2,6934
11	0,9167	-1,3901	-1,5915	-5,9001	13,6603	-1,3640	-1,5550
12	1,0000	-1,5915	0,0000	-2,2917	18,6603	-1,5550	0,0000
13	1,0833	-1,3665	1,5915	2,7083	18,6603	-1,3293	1,5550
14	1,1667	-0,7090	2,7566	7,7601	13,6603	-0,6826	2,6934
15	1,2500	0,2533	3,1831	11,3018	5,0000	0,2592	3,1100
16	1,3333	1,2804	2,7566	12,0235	-5,0000	1,2611	2,6934
17	1,4167	2,0793	1,5915	9,3152	-13,6603	2,0374	1,5550
18	1,5000	2,3873	0,0000	3,5417	-18,6603	2,3325	0,0000
19	1,5833	2,0557	-1,5915	-3,9583	-18,6603	2,0027	-1,5550
20	1,6667	1,1069	-2,7566	-11,1752	-13,6603	1,0714	-2,6934
21	1,7500	-0,2533	-3,1831	-15,9669	-5,0000	-0,2592	-3,1100
22	1,8333	-1,6783	-2,7566	-16,6886	5,0000	-1,6499	-2,6934
23	1,9167	-2,7684	-1,5915	-12,7302	13,6603	-2,7107	-1,5550

Tabella 1.5.1

Per accelerazione $\mathbf{a}_A(t)$ di un punto fisico A all' istante t, in un moto M_A, si intende la derivata rispetto al tempo t del vettore velocità all' istante t, $\mathbf{v}_A(t)$, cioè:

$$\mathbf{a}_A(t) = \frac{d}{dt}\mathbf{v}_A(t) \tag{1.5.9}$$

La velocità e l' accelerazione di un punto all' istante t sono pertanto rispettivamente dei vettori.

1.6 VELOCITÀ ED ACCELERAZIONE DI UN CORPO. ATTO DI MOTO DI UN CORPO

La velocità $V_C(t)$ di un corpo $C \equiv \{Ai\}_{i=1..n}$ all' istante t (nel moto M_C) è l' insieme dei vettori velocità di tutti i punti del corpo all' istante t, cioè:

$$V_C(t) \equiv \{\mathbf{v}_{Ai}(t)\}_{i=1...n} = \left\{\frac{d}{dt}P_{Ai}(t)\right\}_{i=1...n} \tag{1.6.1}$$

ed è quindi un insieme di vettori liberi.

Si definisce atto di moto $\alpha_C(t)$ di un corpo C all' istante t (nel moto M_C) l'insieme dei vettori velocità di tutti i punti del corpo all' istante t applicati nelle rispettive posizioni $P_{Ai}(t)$ all' istante t dei punti del corpo, cioè:

$$\begin{aligned}\alpha_C(t) &\equiv \{(P_{A1}(t), \mathbf{v}_{A1}(t)), (P_{A2}(t), \mathbf{v}_{A2}(t)), \dots, (P_{An}(t), \mathbf{v}_{An}(t))\} \equiv \\ &\equiv \{(P_{Ai}(t), \mathbf{v}_{Ai}(t))\}_{i=1...n}\end{aligned} \tag{1.6.2}$$

Si osservi quindi che mentre V_C è un insieme di vettori liberi, α_C è un insieme di vettori applicati.

Analogamente alla velocità, si definisce l' accelerazione $A_C(t)$ di un corpo C all' istante t (nel moto M_C) come l'insieme dei vettori accelerazione di tutti i punti del corpo all' istante t, cioè:

$$A_C(t) \equiv \{\mathbf{a}_{Ai}(t)\}_{i=1\ldots n} = \left\{\frac{d}{dt}\mathbf{v}_{Ai}(t)\right\}_{i=1\ldots n} \tag{1.6.3}$$

ed è pertanto per definizione un insieme di vettori liberi.

1.7 OSSERVAZIONE

E' stata data la definizione di corpo in termini di insieme di n punti mediante la (1.1.1) in cui il numero n è arbitrariamente grande. Ciò renderebbe le definizioni di posizione (1.1.2), velocità (1.6.1) e accelerazione di un corpo (1.6.3) difficilmente operative dovendo, per ognuna di queste, specificare un insieme di n vettori ad ogni istante t, peraltro ognuno definito da un numero di componenti pari a 3. Infatti questo significa che, ad esempio, per specificare la posizione (o la velocità o l' accelerazione) ad un certo istante di un corpo di n punti è necessario in generale assegnare un insieme di $3n$ numeri.

E' proprio questo il motivo per cui, se sono note a priori alcune caratteristiche del moto (più in generale del sistema), si può notevolmente ridurre la dimensione di tale insieme da $3n$ fino ad un limite minimo dato proprio dal numero N di gradi di libertà del sistema. L' esempio senz'altro più interessante per questa trattazione è quello di un moto rigido MR_C del sistema, quantunque grande sia il numero n di punti che lo costituiscono. Per moto rigido s'intende un moto caratterizzato dal fatto che in ogni posizione le distanze reciproche dei punti del sistema rimangono le stesse. In tal caso infatti è possibile dimostrare facilmente che bastano 6 coordinate per definire una qualsiasi posizione possibile del sistema e cioè il numero di gradi di libertà del sistema è $N = 6$.

2 CINEMATICA DEI MOTI RIGIDI

2.1 MOTI RIGIDI GENERALI

Dato un sistema S e dette rispettivamente S' ed S'' due posizioni si definisce:

Spostamento di S da S' a S'', e lo si indicherà con $S' \rightarrow S''$, l' insieme dei vettori liberi $\left\{P_i^{''} - P_i^{'}\right\}_{i=1,\ldots,n}$ dove $P_i^{'}$ e $P_i^{''}$ sono le posizioni del generico punto P_i del sistema nelle rispettive posizioni iniziale e finale.

Siano ora P e Q due punti generici di S e si consideri lo spostamento di S $S' \rightarrow S''$ (vd. Fig. 2.1).

Si supponga che $\left|P^{'}Q^{'}\right| = \left|P^{''}Q^{''}\right|$. Se ciò accade $\forall P, Q \in S$, $S' \rightarrow S''$ è uno *spostamento rigido*. Poiché P e Q sono punti arbitrari

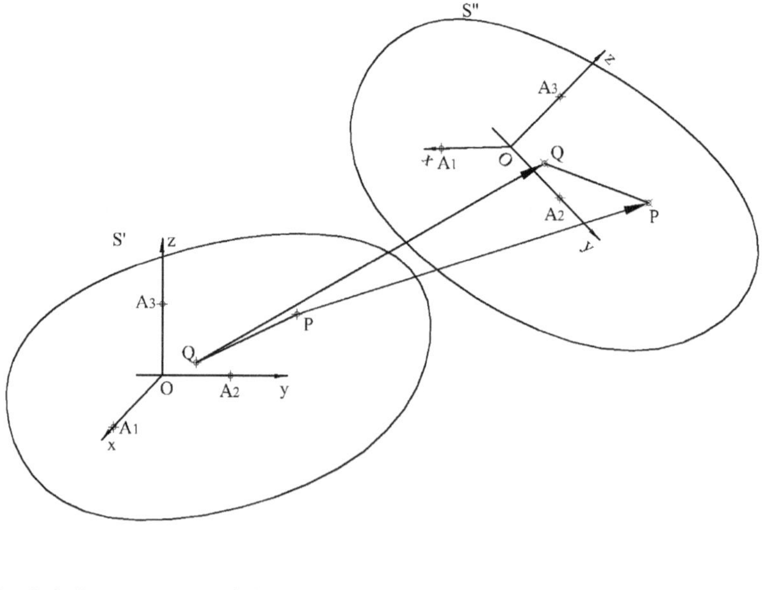

Fig. 2.1: Spostamento rigido

di S, in uno spostamento rigido si conservano sia le distanze che gli angoli.

Si consideri adesso un intervallo di tempo $t \in [t_0, t_1]$. Siano $S(t_0)$ ed $S(t)$ le posizioni di S agli istanti t_0 e t.

Detti P e Q due punti di S, se $|P(t)\ Q(t)| = |P_0\ Q_0|$ (con $P(t)$ e $Q(t)$ le posizioni di P e $Q \in S$ all' istante t e P_0, Q_0 le posizioni di P e Q all' istante t_0 $\forall P, Q \in S$ e $\forall t \in [t_0, t_1]$ il *moto di S è rigido nell' intervallo* $[t_0, t_1]$. Ovviamente anche in un moto rigido si conservano distanze ed angoli.

2.2 TERNA SOLIDALE AD UN SISTEMA

Si considerino 4 punti, O, A_1, A_2, A_3, di un sistema S all' istante t_0, non allineati e tali che i segmenti OA_1, OA_2 e OA_3 siano mutuamente ortogonali (vd. Fig. 2.1). Si può allora definire la terna trirettangola levogira $Oxyz$, in cui le rette x, y, z, cui appartengono i segmenti OA_1, OA_2 e OA_3 orientati a partire da O, costituiscono una terna trirettangola levogira. Si consideri la posizione $S(t)$ che il sistema S assume all' istante t. Poiché i punti O, A_1, A_2, A_3 appartengono ad S anche la terna $Oxyz$ si muoverà con S (terna solidale).

Se il sistema è deformabile ed il moto non è rigido la terna $Oxyz$ non si conserva trirettangola; viceversa se il sistema è deformabile ed il moto è rigido, dovendo in tal caso conservarsi gli angoli, la terna $Oxyz$ resta trirettangola.

Un punto P appartenente ad S, che all' istante t_0 occupi la posizione di coordinate (x_0, y_0, z_0) nella terna solidale $Oxyz$, continuerà ad avere tali coordinate in $Oxyz$ se il moto è rigido anche quando S si sposta in una nuova posizione dello spazio fisso, dovendosi, in tal caso, conservare le distanze dagli assi di $Oxyz$ di qualsiasi punto appartenente ad essa.

Se il moto è rigido si avrà allora $x(t)=x_0$; $y(t)=y_0$; $z(t)=z_0$. Si chiamerà *terna fissa* un riferimento $\Omega\xi\eta\zeta$ che schematizza l' osservatore.

2.3 EQUAZIONI GENERALI O FINITE DEI MOTI RIGIDI

Sia $(P-O)$ il raggio vettore di P all' istante t_0. $(P-O)=x\,\mathbf{i}+y\,\mathbf{j}+z\,\mathbf{k}$ (con x,y,z coordinate di P nel riferimento solidale all' istante t_0). Se M è rigido $\Rightarrow$ $x(t),y(t),z(t)$ sono costanti e solo O si muove. Pertanto è $O=O(t)$ e sarà anche $\mathbf{i}=\mathbf{i}(t)$, $\mathbf{j}=\mathbf{j}(t)$, $\mathbf{k}=\mathbf{k}(t)$. Queste costituiscono un sistema di 4 equazioni vettoriali ovvero 12 equazioni scalari. Siano (ξ_0,η_0,ζ_0) le coordinate di O nel riferimento fisso; i coseni direttori di $\mathbf{i},\mathbf{j},\mathbf{k}$, versori degli assi della terna mobile (solidale) x,y,z, rispetto agli assi ξ,η,ζ della terna fissa, siano invece rispettivamente: $(\alpha_1,\beta_1,\gamma_1)$, $(\alpha_2,\beta_2,\gamma_2)$, $(\alpha_3,\beta_3,\gamma_3)$. Le seguenti equazioni:

$$\begin{cases}\xi_0=\xi_0(t)\\ \eta_0=\eta_0(t)\\ \zeta_0=\zeta_0(t)\end{cases} \Leftrightarrow \quad O=O(t);\begin{cases}\alpha_i=\alpha_i(t)\\ \beta_i=\beta_i(t)\\ \gamma_i=\gamma_i(t)\end{cases} \Leftrightarrow \quad i=1,2,3 \qquad (2.3.1)$$

definiscono il moto della terna solidale *Oxyz* rispetto a quella fissa $\Omega\xi\eta\zeta$.

Si osservi che mentre le prime 3 equazioni scalari definite nella (2.3.1) sono indipendenti, le altre 3 non lo sono in virtù delle seguenti relazioni tra i coseni direttori dei versori di una terna trirettangola che devono sempre essere verificate:

$\mathbf{i}\times\mathbf{i}=\mathbf{j}\times\mathbf{j}=\mathbf{k}\times\mathbf{k}=1$ cond. di modulo unitario o di versore (2.3.2)

$\mathbf{i}\times\mathbf{j}=\mathbf{j}\times\mathbf{k}=\mathbf{k}\times\mathbf{i}=0$ condizione di ortogonalità (2.3.3)

$\mathbf{i}\wedge\mathbf{j}\times\mathbf{k}=+1$ condizione di terna levogira (destrogira =-1) (2.3.4)

Le relazioni (2.3.2)-(2.3.4) equivalgono al sistema di equazioni scalari:

$$\left.\begin{array}{ll}\mathbf{i}\times\mathbf{i}=1 & \alpha_1^2+\beta_1^2+\gamma_1^2=1\\ \mathbf{j}\times\mathbf{j}=1 & \alpha_2^2+\beta_2^2+\gamma_2^2=1\\ \mathbf{k}\times\mathbf{k}=1 & \alpha_3^2+\beta_3^2+\gamma_3^2=1\\ \mathbf{i}\times\mathbf{j}=0 & \alpha_1\alpha_2+\beta_1\beta_2+\gamma_1\gamma_2=0\\ \mathbf{j}\times\mathbf{k}=0 & \alpha_2\alpha_3+\beta_2\beta_3+\gamma_2\gamma_3=0\\ \mathbf{k}\times\mathbf{i}=0 & \alpha_3\alpha_1+\beta_3\beta_1+\gamma_3\gamma_1=0\end{array}\right\} \tag{2.3.5}$$

$$\left.\mathbf{i}\wedge\mathbf{j}\times\mathbf{k}=+1 \quad \begin{vmatrix}\alpha_1 & \beta_1 & \gamma_1\\ \alpha_2 & \beta_2 & \gamma_2\\ \alpha_3 & \beta_3 & \gamma_3\end{vmatrix}=+1\right\} \tag{2.3.6}$$

I 9 coseni direttori dei versori dovranno allora soddisfare innanzitutto le 6 condizioni espresse dalle equazioni scalari (2.3.5), ottenendo ∞^{9-6} soluzioni. Pertanto 3 dei 9 coseni direttori potranno avere valori ad arbitrio ma opportuni, nel senso che devono soddisfare anche la relazione scalare (2.3.6) (ad esempio una scelta del tipo $\alpha_1=\beta_1=\gamma_1=0$ non è possibile in quanto non verifica mai la prima equazione delle (2.3.5)).

Successivamente dev' essere imposta l' equazione (2.3.6) in maniera che la terna sia levogira.

In conclusione, per assegnare un moto rigido occorre e basta assegnare 6 funzioni scalari del tempo e precisamente le 3 funzioni $\xi_0=\xi_0(t)$; $\eta_0=\eta_0(t)$; $\zeta_0=\zeta_0(t)$ in maniera del tutto arbitraria e 3 funzioni opportunamente scelte tra le 9 quantità

$$\begin{cases}\alpha_i=\alpha_i(t)\\ \beta_i=\beta_i(t)\\ \gamma_i=\gamma_i(t)\end{cases} \Leftrightarrow \quad i=1,2,3 \ (2.3.7)$$

in modo che siano assegnate le equazioni

$$\begin{cases} O = O(t) \\ \mathbf{i} = \mathbf{i}(t) \\ \mathbf{j} = \mathbf{j}(t) \\ \mathbf{k} = \mathbf{k}(t) \end{cases} \qquad (2.3.8)$$

mediante le quali si ha:

$$P = O(t) + x\,\mathbf{i}(t) + y\,\mathbf{j}(t) + \mathrm{z}\,\mathbf{k}(t) \quad \forall P \in S \qquad (2.3.9)$$

con (x, y, z) coordinate di $P \in S$ nel riferimento solidale.

Proiettando questa equazione sugli assi della terna fissa si ottengono le cosiddette *equazioni generali o finite dei moti rigidi*:

$$\begin{cases} \xi = \xi_0(t) + x\,\alpha_1(t) + y\,\alpha_2(t) + z\,\alpha_3(t) \\ \eta = \eta_0(t) + x\,\beta_1(t) + y\,\beta_2(t) + z\,\beta_3(t) \\ \zeta = \zeta_0(t) + x\,\gamma_1(t) + y\,\gamma_2(t) + z\,\gamma_3(t) \end{cases} \qquad (2.3.10)$$

2.4 ATTO DI MOTO DI S

Qualunque sia il moto di S si definisce *atto di moto di* S *all' istante* t, l' insieme dei vettori velocità all'istante t dei punti del sistema applicati nelle posizioni che questi occupano proprio all' istante t:

$$\begin{aligned} \alpha(t) &\equiv \{(P_1(t), \mathbf{v}_1(t)), (P_2(t), \mathbf{v}_2(t)), \ldots (P_n(t), \mathbf{v}_n(t))\} \equiv \\ &\equiv \{(P(t), \mathbf{v}_P(t))\}_{\forall P \in S} \end{aligned} \qquad (2.4.1)$$

$\alpha(t)$ è anche detto stato cinetico del sistema S all' istante t.

Due moti M ed M' di S, aventi rispettivamente atto di moto $\alpha(t) = \{(P(t), \mathbf{v}_P(t))\}_{P \in S}$ ed $\alpha'(t) = \{(P(t), \mathbf{v}'_P(t))\}_{P \in S}$ allo stesso istante t, si dicono tangenti all' istante t se $\alpha(t) = \alpha'(t)$ (cioè se hanno lo stesso stato cinetico all' istante t).

Si osservi che l' atto di moto è definito ad un certo istante e quindi caratterizza il moto del sistema solo in quell' istante. Per meglio dire, assegnato il moto M di S nell' intervallo $\Delta t = [t_0, t_1]$, questo sarà caratterizzato in ogni istante t appartenente a Δt da un certo atto di moto $\alpha(t)$ ovvero (vd. (2.4.1)) da una certa distribuzione dei vettori velocità dei punti del sistema in quell' istante. Ad esempio ad un certo istante $\overline{t} \in \Delta t$, $\alpha(\overline{t})$ potrebbe essere costituito da tutti vettori $\mathbf{v}_j(\overline{t})$ $j = 1 \ldots n$ uguali tra loro, oppure da vettori $\mathbf{v}_j(\overline{t})$ $j = 1 \ldots n$ aventi moduli dipendenti linearmente dalla distanza delle posizioni dei punti $P_j(t)$ da una retta r particolare nonché direzioni perpendicolari a tale retta ecc.

Si osservi altresì che, dalla conoscenza dell' atto di moto all' istante t di S, si ricava subito lo spostamento elementare all' istante t (vd. (1.5.4)) dei punti di S $dP_j(t) = \mathbf{v}_j(t) \cdot dt$ $\forall j = 1 \ldots n$ il cui insieme

$$dS(t) \equiv \left\{ \left(P_j(t), \mathbf{v}_j(t) dt \right) \right\}_{P \in S} \equiv \left\{ \left(P_j(t), dP_j(t) \right) \right\}_{P \in S} \qquad (2.4.2)$$

definisce lo *spostamento elementaredel sistema* S all' istante t.

Estendendo quanto detto in conseguenza della (1.5.5) a proposito del moto di un punto a tutti i punti $P_j \in S$, si può considerare il moto di S nell' intervallo Δt, una "successione di spostamenti elementari" a partire da una posizione iniziale $S(0)$ ovvero (con una terminologia forse impropria) una successione di atti di moto $\alpha(t)$ $\forall \mathrm{t} \in \Delta \mathrm{t}$.

2.5 MOTI TRASLATORI DI S

2.5.1 **Spostamento traslatorio**

Se $(P'-Q')=(P''-Q'')$ $\forall P,Q \in S$ lo spostamento $S' \rightarrow S''$ è detto traslatorio (vd. Fig. 2.2).

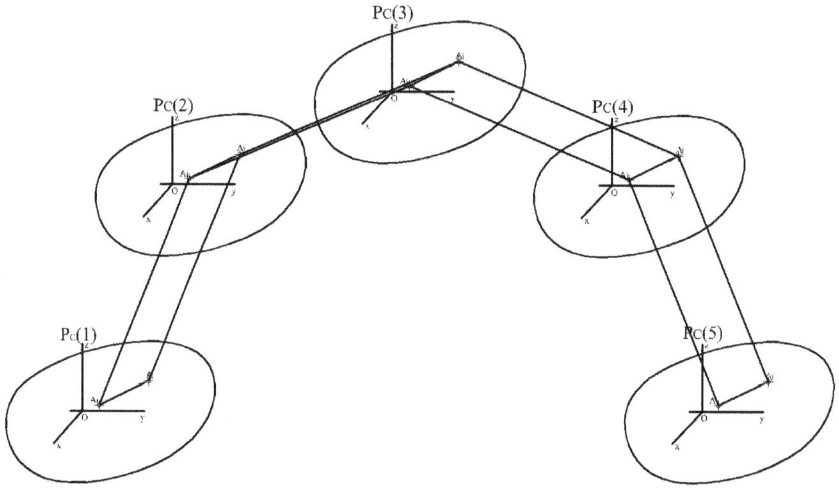

Fig. 2.2: Successione di 4 spostamenti traslatori

In tale spostamento pertanto, si conservano non solo le distanze, come nel caso di spostamento rigido, ma anche i vettori.

Di conseguenza esso è un particolare spostamento rigido.

Dalla definizione consegue che $(P''-P')=(Q''-Q')=\boldsymbol{\tau}$.

Il vettore $\boldsymbol{\tau}$ così definito prende il nome di traslazione.

2.5.2 Moto traslatorio

Se il moto M è tale che

$$\left(P(t)-Q(t)\right)=\left(P_0-Q_0\right) \quad \begin{cases} \forall t \in [t_0,t_1] \\ \forall P,Q \in S \end{cases}, \tag{2.5.1}$$

esso è un *moto traslatorio* nell' intervallo $\Delta t = [t_0,t_1]$.

Da questa definizione consegue che qualsiasi moto traslatorio è rigido. Infatti dalla (2.5.1) consegue che $|PQ| = |P_0Q_0| \quad \forall P, Q \in S \quad \forall t \in \Delta t$

Dalla definizione di moto traslatorio (2.5.1) consegue anche che $(P(t) - P_0) = (Q(t) - Q_0) \quad \begin{cases} \forall t \in [t_0, t_1] \\ \forall P, Q \in S \end{cases}$. Mentre in un moto rigido qualsiasi, un vettore dello spazio solidale è costante solo rispetto alla terna solidale, in un moto traslatorio esso è costante anche rispetto alla terna fissa. Allora se la terna solidale è scelta parallela a quella fissa all' istante iniziale, essa continuerà a rimanere tale durante tutto il moto traslatorio. L' implicazione contraria è anch'essa verificata: se nel moto M la terna solidale si mantiene parallela a quella fissa, M è traslatorio. Ciò vuol dire che i coseni direttori della terna solidale sono costanti.

2.5.3 **Equazioni finite dei moti traslatori**

Se la terna solidale è scelta parallela a quella fissa si ha:

$$\begin{cases} \alpha_1 = 1 \\ \beta_1 = 0 \\ \gamma_1 = 0 \end{cases} \quad \begin{cases} \alpha_2 = 0 \\ \beta_2 = 1 \\ \gamma_2 = 0 \end{cases} \quad \begin{cases} \alpha_3 = 0 \\ \beta_3 = 0 \\ \gamma_3 = 1 \end{cases} \tag{2.5.2}$$

che, sostituite nelle equazioni finite dei moti rigidi (2.3.10) forniscono le equazioni finite del moto traslatorio:

$$\begin{cases} \xi(t) = \xi_0(t) + x \\ \eta(t) = \eta_0(t) + y \\ \zeta(t) = \zeta_0(t) + z \end{cases} \tag{2.5.3}$$

Tali funzioni sono esplicite del tempo t quando è assegnato il moto $O = O(t)$ di O ovvero sono assegnate le funzioni

$$\xi_0 = \xi_0(t); \quad \eta_0 = \eta_0(t); \quad \zeta_0 = \zeta_0(t).$$

2.5.4 Atto di moto in un moto traslatorio

Nella definizione di moto traslatorio (2.5.1) si ponga $(P_0 - Q_0) = \mathbf{u}_0$.

Poiché $\mathbf{u}_0$ è costante nel tempo è $(P(t) - Q(t)) = \mathbf{u}_0$ ovvero

$$P(t) = Q(t) + \mathbf{u}_0 \tag{2.5.4}$$

Mediante $\mathbf{u}_0$ è allora possibile trovare il moto $Q(t)$ di Q dal moto $P(t)$ di P ovvero i moti di P e Q sono sovrapponibili.

Dalle (2.5.4) è $\dot{P}(t) = \dot{Q}(t)$ ovvero $\mathbf{v}_P(t) = \mathbf{v}_Q(t) = \dot{\boldsymbol{\tau}}(t)$ $\forall P, Q \in S$.

Allora $\boldsymbol{\tau}$ dipende dal tempo e non dal particolare punto del sistema.

Pertanto se il moto di un sistema S è traslatorio in un certo intervallo di tempo Δt, l'atto di moto $\alpha(t)$ di tale moto è definito nel modo seguente:

$$\alpha(t) \equiv \{P(t), \boldsymbol{\tau}(t)\}_{\forall P \in S} \quad \forall t \in \Delta t \tag{2.5.5}$$

e cioè è caratterizzato dal fatto che, ad ogni istante t, le velocità di tutti i punti del sistema sono uguali tra loro e pari a $\boldsymbol{\tau}(t)$.

Ciò significa anche che ad ogni istante t del moto, lo spostamento elementare di tutti i punti è lo stesso e pertanto la traiettoria nell'intorno della posizione di ogni punto all' istante t è la stessa a meno dello spostamento iniziale del singolo punto. Poiché ciò accade ad ogni istante t del moto, si conclude che nel moto traslatorio le traiettorie dei punti del sistema sono tutte parallele tra di loro

Se, poi, $\boldsymbol{\tau}$ è costante con t, il moto traslatorio è detto uniforme.

Nel moto traslatorio uniforme, dovendo essere il vettore $\boldsymbol{\tau}$ costante, le traiettorie dei punti devono essere necessariamente rettilinee.

Derivando due volte la (2.5.4) si ottiene: $\ddot{P}(t) = \ddot{Q}(t)$ ovvero in un moto traslatorio tutti i punti hanno la stessa velocità e la stessa accelerazione.

Se il moto traslatorio è uniforme $\mathbf{a}_P = \mathbf{a}_Q = \frac{d\dot{\boldsymbol{\tau}}}{dt} = \mathbf{0}$ essendo $\boldsymbol{\tau} = \text{cost}$.

2.5.5 **Atto di moto traslatorio**

Sia $\alpha(t)$ l' atto di moto all' istante t in un moto rigido (generico) M di S nell'intervallo di tempo Δt, definito quindi dalla (2.4.1).

In generale è:

$$\mathbf{v}_1(t) \neq \mathbf{v}_2(t) \neq \ldots \neq \mathbf{v}_n(t) \quad \forall \mathrm{t} \in \Delta \mathrm{t} \tag{2.5.6}$$

Si supponga adesso che solo all' istante $\overline{t} \in \Delta t$ l' atto di moto $\alpha(\overline{t})$, dato dall'insieme

$$\alpha(\overline{t}) \equiv \{(P_1(\overline{t}), \mathbf{v}_1(\overline{t})), (P_2(\overline{t}), \mathbf{v}_2(\overline{t})), \ldots (P_n(\overline{t}), \mathbf{v}_n(\overline{t}))\} \tag{2.5.7}$$

sia tale che

$$\mathbf{v}_1(\overline{t}) = \mathbf{v}_2(\overline{t}) = \ldots = \mathbf{v}_n(\overline{t}) = \boldsymbol{\tau}(\overline{t}) \tag{2.5.8}$$

cioè solo all' istante $\overline{t} \in \Delta t$ le velocità di tutti i punti siano uguali tra di loro. Allora,pur non essendo il moto traslatorio nell'intervallo Δt, lo è l' atto di moto all' istante $\overline{t} \in \Delta t$.

Quanto detto può esprimersi anche nella forma che segue facendo uso della definizione di atti di moto tangenti di un sistema all' istante t data alla fine del paragrafo 2.4.

Sia M^* un moto di S traslatorio uniforme. Nel moto M di S, l' atto di moto all' istante $\overline{t}$, $\alpha(\overline{t})$, (e non il moto) si dirà traslatorio se accade che M è tangente ad M^* all' istante $\overline{t}$ ovvero $\alpha(\overline{t})=\alpha^*(\overline{t})$. Ciò vuol dire che a quell' istante $\overline{t}$ (e non per forza in tutti gli altri istanti $t \neq \overline{t}$, così come accade nel moto traslatorio) tutti i punti di S hanno la stessa velocità.

2.6 MOTI ROTATORI DI S

2.6.1 Spostamento rotatorio

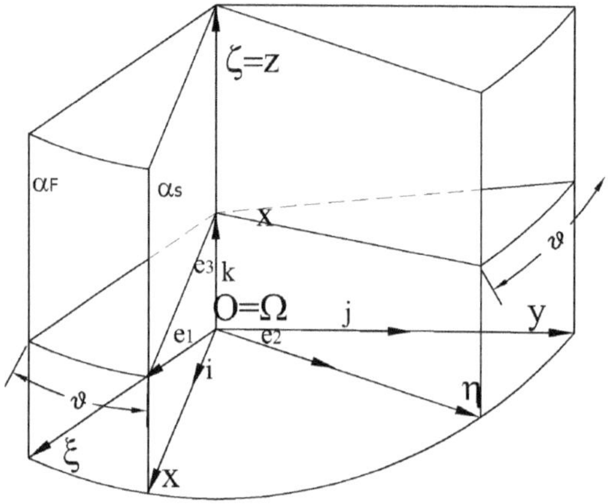

Fig. 2.3: Spostamento rotatorio

Lo spostamento $S' \rightarrow S''$ è detto rotatorio se (vd. Fig. 2.3):

- è uno spostamento rigido
- esiste una retta dello spazio solidale i cui punti sono fissi in tale spostamento.

2.6.2 Moto rotatorio

Il moto M di S è rotatorio in un intervallo Δt se:

- è rigido in Δt
- esiste una retta dello spazio solidale i cui punti sono fissi durante tutto il moto, e cioè nell'intero intervallo Δt.

Tale retta si chiama asse di rotazione.

2.6.3 Equazioni finite dei moti rotatori

Sia r l' asse di rotazione che, per definizione, è fisso nello spazio.

Si può allora scegliere la terna fissa $\Omega\xi\eta\zeta$ in modo che l'asse ζ coincida con r. Poiché r appartiene al corpo S si può scegliere la terna solidale $Oxyz$ in modo che anche l'asse z coincida con r. In definitiva allora si scriveranno le equazioni finite del moto rotatorio con una scelta arbitraria delle terne fissa e solidale purchè sia verificato che $\zeta \equiv z \equiv r$

Si indichino con α_F il piano fisso $\xi\eta$ e con α_S il piano mobile xz (vd. Fig. 2.3). Poiché tali piani hanno la retta r in comune può definirsi con ϑ l' angolo di α_S rispetto ad α_F in senso levogiro rispetto a ζ. Quando il corpo ruoterà intorno ad r anche α_S ruoterà per cui $\vartheta = \vartheta(t)$. I coseni direttori della terna solidale rispetto a quella fissa sono allora:

$$\begin{aligned}
&\alpha_1 = \cos\vartheta && \beta_1 = \cos\left(\frac{\pi}{2} - \vartheta\right) && \gamma_1 = \cos\frac{\pi}{2} = 0 \\
&\alpha_2 = \cos\left(\frac{\pi}{2} + \vartheta\right) && \beta_2 = \cos\vartheta && \gamma_2 = \cos\frac{\pi}{2} = 0 \\
&\alpha_3 = \cos\frac{\pi}{2} = 0 && \beta_3 = \cos\frac{\pi}{2} = 0 && \gamma_3 = \cos 0
\end{aligned} \tag{2.6.1}$$

Sostituendo le (2.6.1) nelle equazioni generali dei moti rigidi (2.3.10) e tenendo presente che:

$$O \equiv \Omega \quad \Rightarrow \quad \xi_0 = \eta_0 = \zeta_0 = 0 \tag{2.6.2}$$

si ottengono le seguenti *equazioni generali dei moti rotatori*:

$$\begin{cases}
\xi = x \cdot \cos\vartheta - y \cdot \sin\vartheta \\
\eta = x \cdot \sin\vartheta + y \cdot \cos\vartheta \qquad \vartheta = \vartheta(t) \\
\zeta = z
\end{cases} \tag{2.6.3}$$

In generale (quadrando e sommando le prime due relazioni):

$$\begin{aligned} &\xi^2 + \eta^2 = x^2 + y^2 \\ &\zeta = z \end{aligned} \tag{2.6.4}$$

Ovvero la traiettoria del generico punto $P(x, y, z)$ è la circonferenza intersezione del cilindro di asse r, raggio pari a $\sqrt{x^2 + y^2}$ con il piano di equazione $\zeta = z$.

Detta P_2 la proiezione del punto P sul piano $\xi\eta$, durante il moto rotatorio il segmento $\overrightarrow{OP_2}$ avrà anomalia $\varphi = \vartheta + \alpha$ e si muoverà di moto piano: ha senso allora parlare di velocità angolare del moto rotatorio. Tale velocità varrà $\dot{\varphi} = \dot{\vartheta} + \dot{\alpha}$; poichè per definizione nel moto rigido gli angoli nel riferimento solidale si conservano, $\dot{\alpha} = 0 \ \forall P \in S$ e pertanto $\dot{\varphi} = \dot{\vartheta}$.

2.6.4 **Atto di moto in un moto rotatorio**

Siano $\mathbf{e}_1, \mathbf{e}_2, \mathbf{e}_3$ i versori della terna fissa T_Ω. Nel riferimento fisso la velocità di P sarà:

$$\mathbf{v}_P = \dot{\xi}\ \mathbf{e}_1 + \dot{\eta}\ \mathbf{e}_2 + \dot{\zeta}\ \mathbf{e}_3 \tag{2.6.5}$$

Dalle equazioni finite dei moti rotatori (2.6.3) si ha:

$$\begin{cases} \dot{\xi} = -\dot{\vartheta}(x \cdot \sin\vartheta + y \cdot \cos\vartheta) = -\dot{\vartheta}\ \eta \\ \dot{\eta} = \ \dot{\vartheta}(x \cdot \cos\vartheta - y \cdot \sin\vartheta) = \ \dot{\vartheta}\ \xi \\ \dot{\zeta} = 0 \end{cases} \tag{2.6.6}$$

Sostituendo nella (2.6.5):

$$\begin{aligned} \mathbf{v}_P &= -\dot{\vartheta}\ \eta \cdot\ \mathbf{e}_1 + \ \dot{\vartheta}\ \xi \cdot\ \mathbf{e}_2 = \\ &= \dot{\vartheta}\ (-\eta \cdot\ \mathbf{e}_1 + \ \xi \cdot\ \mathbf{e}_2) = \dot{\vartheta}\ (\eta \cdot\ \mathbf{e}_3 \wedge \mathbf{e}_2 + \ \xi \cdot \mathbf{e}_3 \wedge \mathbf{e}_1\ ) \end{aligned}$$

ed in definitiva:

$$\mathbf{v}_P = \dot{\vartheta}\ \mathbf{e}_3 \wedge (\xi \cdot \mathbf{e}_1 + \eta \cdot \mathbf{e}_2) \tag{2.6.7}$$

Indicando con P_1 la proiezione di P su r, è: $P - P_1 = \xi \cdot \mathbf{e}_1 + \eta \cdot \mathbf{e}_2$ e pertanto la (2.6.7) diventa :

$$\mathbf{v}_P = \dot{\vartheta}\, \mathbf{e}_3 \wedge (P - P_1) \tag{2.6.8}$$

Poiché $\mathbf{e}_3 = \mathbf{k}$ è $\dot{\vartheta}\mathbf{e}_3 = \dot{\vartheta}\mathbf{k}$. Quest' ultimo vettore ha pertanto come direzione orientata quella dell' asse di rotazione, modulo pari a $|\dot{\vartheta}|$ e verso tale che la terna di vettori $\dot{\vartheta} \cdot \mathbf{k}$, $(P - P_1)$, $\mathbf{v}_P$ sia levogira $\left(\frac{\dot{\vartheta}\, \mathbf{k}}{\dot{\vartheta}} \wedge \frac{(P - P_1)}{|P - P_1|} \times \frac{\mathbf{v}_P}{|\mathbf{v}_P|} = +1 \right)$. Ciò si può esprimere anche dicendo che il verso di $\dot{\vartheta} \cdot \mathbf{k}$ è tale che, riportatolo sull' asse di rotazione il moto gli appaia levogiro. Con tale premessa può dunque porsi $\boldsymbol{\omega} = \dot{\vartheta} \cdot \mathbf{k}$ e definire tale vettore velocità angolare.

La (2.6.8) prende allora la forma definitiva:

$$\mathbf{v}_P = \boldsymbol{\omega} \wedge (P - P_1) \tag{2.6.9}$$

E' importante osservare che, essendo $\vartheta = \vartheta(t)$ e $\mathbf{k} = \mathbf{k}(t)$, cioè solo funzioni del tempo t, anche $\boldsymbol{\omega} = \dot{\vartheta} \cdot \mathbf{k} = \boldsymbol{\omega}(t)$ ovvero $\boldsymbol{\omega}$ è funzione solo del tempo t e pertanto indipendente dal punto P. Viceversa, come si desume dall' espressione (2.6.9), in un moto rotatorio è in generale $\mathbf{v}_P = \mathbf{v}_P(P,t)$ cioè funzione sia del tempo t che del particolare punto P dello spazio solidale.

Nel caso particolare in cui, in un moto rotatorio, $\boldsymbol{\omega} = \text{cost}$, il moto si dice uniforme.

Riscrivendo la (2.6.9) nella forma:

$$\mathbf{v}_P = (P_1 - P) \wedge \boldsymbol{\omega} \tag{2.6.10}$$

si ha la seguente interpretazione: la velocità $\mathbf{v}_P$ del punto P generico del riferimento solidale, in un moto rotatorio, si può pensare come momento del vettore velocità angolare $\boldsymbol{\omega}$ applicato in P_1 rispetto al polo P. D'altra parte si può facilmente dimostrare che il punto P_1 può essere sostituito da qualsiasi altro punto A dell' asse di rotazione r nella (2.6.10). Infatti potendosi scrivere $(P_1 - P) = (P_1 - A) + (A - P)$ con $A \in r$ sostituendo nella (2.6.10) si ha: $\mathbf{v}_P = (P_1 - A) \wedge \boldsymbol{\omega} + (A - P) \wedge \boldsymbol{\omega}$. Poiché sia A che P_1 appartengono ad r è $(P_1 - A) // \boldsymbol{\omega} \Rightarrow (P_1 - A) \wedge \boldsymbol{\omega} = \mathbf{0}$ e quindi:

$$\mathbf{v}_P = (A - P) \wedge \boldsymbol{\omega} \qquad \forall \mathrm{A} \in \mathrm{r} \tag{2.6.11}$$

In definitiva, in un moto rotatorio, la velocità $\mathbf{v}_P$ di un punto P generico del riferimento solidale si ottiene come momento del vettore velocità angolare $\boldsymbol{\omega}$ applicato in un qualsiasi punto A dell' asse di rotazione rispetto al polo P stesso.

E' abbastanza semplice dimostrare l' implicazione inversa di quanto appena dimostrato, ovvero che se in un certo moto M vale l' espressione $\mathbf{v}_P = (A - P) \wedge \boldsymbol{\omega} \quad \forall \mathrm{A} \in \mathrm{r} \quad \forall \mathrm{P} \in \mathrm{S}$, con A appartenente ad una retta r, e $\boldsymbol{\omega}$ un vettore parallelo ad r, il moto è rotatorio ovvero esso è rigido ed esiste una retta dello spazio solidale i cui punti sono fissi nel riferimento fisso.

Infatti da $\mathbf{v}_P = (A - P) \wedge \boldsymbol{\omega}$ sono assegnati il punto A e $r // \boldsymbol{\omega}$: si individua immediatamente la retta r passante per A e parallela ad $\boldsymbol{\omega}$. Detto A' un qualsiasi punto appartenente ad r, per ipotesi è $\mathbf{v}_{A'} = (A - A') \wedge \boldsymbol{\omega}$.

Per costruzione è però $(A - A') // \boldsymbol{\omega} \Rightarrow \mathbf{v}_{A'} = \mathbf{0} \quad \forall \mathrm{A}' \in \mathrm{r}$ e pertanto si è dimostrato che i punti della retta r sono fissi. Successivamente (nel paragrafo relativo ai moti rototraslatori) si dimostrerà che tale moto è anche rigido.

2.6.5 **Atto di moto rotatorio**

Sia M un moto qualsiasi di S avente atto di moto $\alpha(t)$. Sia M^* un moto rotatorio uniforme di S di atto di moto $\alpha^*(t)$. Se M è tangente ad M^* all' istante $\bar{t}$, cioè se a tale istante

$$\alpha(\bar{t}) = \alpha^*(\bar{t}) \equiv \left\{ \begin{matrix} (P, \mathbf{v}_P^*) \\ \mathbf{v}_P = (A - P) \wedge \boldsymbol{\omega} \end{matrix} \right\},$$

si dirà che l' atto di moto di M è rotatorio all' istante t, cioè all' istante t del moto M la velocità è data dalla (2.6.11).

Si osservi dalla figura che $r(\bar{t})$ è l' asse di rotazione all' istante $\bar{t}$ mentre a t_1 si avrà in generale un nuovo asse di rotazione $r(t_1)$, cioè il moto M è tangente ad un nuovo moto rotatorio uniforme M^{**} di asse $r(t_1)$ in generale diverso da M^*. Allora l' asse del moto rotatorio uniforme tangente al moto effettivo M all' istante $\bar{t}$ è detto asse di istantanea rotazione del moto M all' istante $\bar{t}$.

L' asse di istantanea rotazione del moto M all' istante $\bar{t}$ del sistema S può anche definirsi come il luogo dei punti di S che hanno velocità $\mathbf{v}_P$ nulla all' istante $\bar{t}$ ed in generale solo a quell' istante.

2.7 Moti rototraslatori di S

2.7.1 **Spostamento rototraslatorio**

Lo spostamento $S' \rightarrow S''$ è detto *rototraslatorio* se:

- è uno spostamento rigido
- esiste una retta r dello spazio solidale che rimane sovrapposta ad una retta r^* dello spazio fisso in tale spostamento.

2.7.2 Moto rototraslatorio

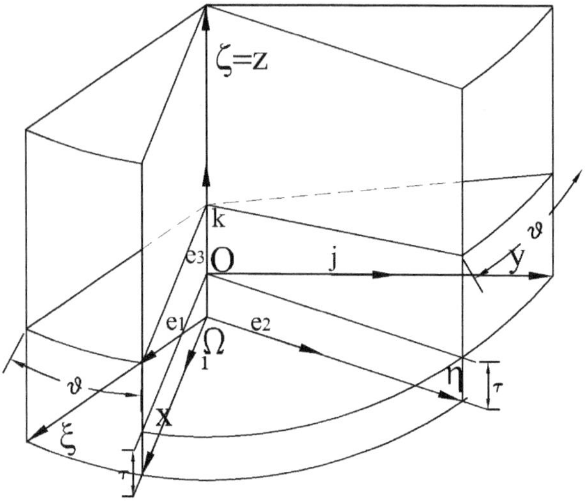

Fig. 2.4: Spostamento rototraslatorio

Il moto M di S è rototraslatorio nell' intervallo di tempo $[t_0, t_1]$ se (vd. Fig. 2.4):

- è un moto rigido
- esiste una retta r dello spazio solidale che rimane, in ogni istante $t \in [t_0, t_1]$ del moto, sovrapposta ad una retta r^* dello spazio fisso.

Rifacendosi a quanto già detto per il moto rotatorio nel paragrafo 2.6.2, ovvero scegliendo il riferimento solidale in modo che l' asse z coincida con r e considerando che con tale scelta il punto O si muoverà lungo $r^* \equiv r \equiv z \equiv \zeta$ con legge $\zeta = \zeta_0(t)$, le equazioni finite del moto rototraslatorio sono:

$$\begin{cases} \xi = x \cdot \cos\vartheta - y \cdot \sin\vartheta \\ \eta = x \cdot \sin\vartheta + y \cdot \cos\vartheta \\ \zeta = z + \zeta_0 \end{cases} \qquad \begin{array}{c} \vartheta = \vartheta(t) \\ \zeta_0 = \zeta_0(t) \end{array} \tag{2.7.1}$$

Quadrando e sommando le prime due relazioni si ottiene:

$$\xi^2 + \eta^2 = x^2 + y^2 \tag{2.7.2}$$

Ovvero la traiettoria del generico punto $P(x, y, z)$ appartiene alla superficie del cilindro circolare di asse ζ e raggio $r = \sqrt{x^2 + y^2}$.

Il moto di P risulta composto dai moti di P_1 proiezione del punto P sull' asse ζ) e P_2 (proiezione del punto P sul piano $\xi\eta$). Quest' ultimo è un moto circolare sul piano $\xi\eta$. Il moto di P_1 è invece rettilineo su ζ.

Valgono allora le conclusioni sul moto elicoidale: la traiettoria di P è, in generale, una qualsiasi curva della superficie cilindrica di asse ζ e raggio $r = \sqrt{x^2 + y^2}$. Nel caso particolare in cui $\frac{|\dot{\vartheta}|}{|\dot{\zeta}_0|} = \text{cost}$, ovvero è costante il rapporto dei moduli della velocità di rotazione e della velocità di traslazione, la traiettoria di P è un' elica del cilindro. In tal caso il moto si dice rigido elicoidale. Quando poi risulta $\dot{\vartheta} = \text{cost}$ e $\dot{\zeta}_0 = \text{cost}$ il moto si dice rigido elicoidale uniforme.

Anche nel caso di moto rototraslatorio (come in quello rotatorio) $\dot{\vartheta} = \dot{\vartheta}(t)$ è indipendente da P e funzione solo del tempo t e quindi si definisce $\boldsymbol{\omega} = \dot{\vartheta} \cdot \mathbf{k}$ velocità angolare del moto rototraslatorio.

2.7.3 **Atto di moto in un moto rototraslatorio**

Come nel caso del moto rotatorio (paragrafo 2.6.4), nel riferimento fisso la velocità di P sarà:

$$\mathbf{v}_P = \dot{\xi}\, \mathbf{e}_1 + \dot{\eta}\, \mathbf{e}_2 + \dot{\zeta}\, \mathbf{e}_3 \tag{2.7.3}$$

Dalle equazioni finite dei moti rototraslatori si ha:

$$\begin{cases} \dot{\xi} = -\dot{\vartheta}\, \eta \\ \dot{\eta} = \dot{\vartheta}\, \xi \\ \dot{\zeta} = \dot{\zeta}_0 \end{cases} \tag{2.7.4}$$

Analogamente a quanto fatto per il moto rotatorio, si ha:

$$\mathbf{v}_P = (A-P)\wedge\boldsymbol{\omega} + \dot{\zeta}_0\mathbf{e}_3 \qquad \forall \mathrm{A}\in \mathrm{r} \tag{2.7.5}$$

Si pone:

$$\dot{\zeta}_0\mathbf{e}_3 = \dot{\zeta}_0\mathbf{k} = \boldsymbol{\tau} \tag{2.7.6}$$

Si osserva che $\forall \mathrm{A}' \in \mathrm{r}$ è $\mathbf{V}_{A'} = \boldsymbol{\tau}$, ovvero $\boldsymbol{\tau}$ è la velocità dei punti dell' asse di rotazione.

In definitiva nel moto rototraslatorio è:

$$\begin{cases} \mathbf{v}_P = \boldsymbol{\tau} + (A-P)\wedge\boldsymbol{\omega} \qquad \forall \mathrm{A}\in \mathrm{r} \\ \text{con } \boldsymbol{\tau} \,//\, \boldsymbol{\omega} \,//\, \mathrm{r} \text{ di direzione invariabile} \end{cases} \tag{2.7.7}$$

Si prova adesso l' implicazione inversa e cioè un un moto M per il quale vale la (2.7.7) $\forall P\in S$ (si ricorda che S è lo spazio solidale) è rototraslatorio. Per provarlo sarà dunque necessario verificare che, stante l' ipotesi, il moto che ne deriva è innanzitutto rigido ed esiste una retta dello spazio solidale i cui punti hanno velocità con direzione costante.

Essendo valida l'ipotesi saranno assegnati il punto $A\in S$ e $\boldsymbol{\tau} \,//\, \boldsymbol{\omega}$.

Sia $A'\in r$; per ipotesi è allora $\mathbf{v}_{A'} = \boldsymbol{\tau} + (A-A')\wedge\boldsymbol{\omega}$. Per costruzione è $(A-A')//\boldsymbol{\omega}$ il che implica $\mathbf{v}_P = \boldsymbol{\tau} \quad \forall \mathrm{A}'\in \mathrm{r}$ ovvero tutti i punti di r si muovono con la stessa velocità di direzione invariabile.

Per dimostrare che il moto è rototraslatorio bisogna ancora verificare che esso sia rigido.

A questo scopo è opportuno innanzitutto osservare che, se si considerano due punti qualsiasi $P,Q\in S$ applicando la (2.7.7) ad ognuno, si ha:

$$\begin{aligned} \mathbf{v}_P &= \boldsymbol{\tau} + (A-P)\wedge\boldsymbol{\omega} \\ \mathbf{v}_Q &= \boldsymbol{\tau} + (A-Q)\wedge\boldsymbol{\omega} \end{aligned} \tag{2.7.8}$$

e, sottraendo membro a membro e riordinando

$$\mathbf{v}_P = \mathbf{v}_Q + (Q-P)\wedge\boldsymbol{\omega} \qquad (2.7.9)$$

Inoltre si può tenere conto delle seguente 1ª proprietà generale dei moti rigidi qualsiasi.

Se M è rigido $\overset{def}{\Leftrightarrow}$ $|P(t)\,Q(t)| = \text{cost}\ \ \forall t$ $\Leftrightarrow$ $[P(t) - Q(t)]^2 = \text{cost}\ \ \forall t$. Derivando quest' ultima rispetto a t $2[P(t) - Q(t)]\times[\dot{P}(t) - \dot{Q}(t)] = 0$ $\Leftrightarrow [P(t) - Q(t)]\times[\mathbf{v}_P - \mathbf{v}_Q] = 0\ \ \forall \text{P,Q} \in \text{S};\ \forall t$. Pertanto si può enunciare la:

2.7.4 **1ª proprietà dei moti rigidi:**

Se M è rigido $\Leftrightarrow$

$$\{(T, \mathbf{v}_T)\} \equiv \{(T, \mathbf{M}_T)\} \quad \Leftrightarrow \quad [\mathbf{v}_P - \mathbf{v}_Q]\times[P - Q] = 0 \qquad (2.7.10)$$

Utilizzando questa proprietà è possibile allora dimostrare che se in un qualsiasi (a priori) moto M vale la relazione $\mathbf{v}_P = \mathbf{v}_Q + (Q-P)\wedge\boldsymbol{\omega}\ \ \forall \text{P,Q} \in \text{S} \Rightarrow M$ è rigido.

Partendo infatti dall' ipotesi, moltiplicando scalarmente per $(P-Q)$. si ottiene: $(P-Q)\times(\mathbf{v}_P - \mathbf{v}_Q) = (P-Q)\times(Q-P)\wedge\boldsymbol{\omega}$. Ora $(P-Q)\times(Q-P)\wedge\boldsymbol{\omega} = 0$ essendo $[(Q-P)\wedge\boldsymbol{\omega}]\perp(Q-P)$ il che implica che sia $(P-Q)\times(\mathbf{v}_P - \mathbf{v}_Q) = 0$ che, per la 1ª proprietà dei moti rigidi implica che M sia rigido.

Con ciò si è dimostrato quanto si voleva relativamente al caso del moto rototraslatorio.

Si introduce adesso la seguente

2.7.5 2ª proprietà dei moti rigidi

Sono necessari alcuni richiami sui campi vettoriali. Data la funzione vettoriale che $\forall T \in S^3 \rightarrow \mathbf{v}_T$ (vettore libero), si consideri il vettore applicato $(T, \mathbf{v}_T)$. Ora $\forall T \in S^3$ otteniamo il campo vettoriale $\{(T, \mathbf{v}_T)\}_{T \in S^3}$ ovvero l' insieme di vettori applicati nei punti di S^3. In particolare si può considerare il cosiddetto campo vettoriale momento intendendo per esso l' insieme dei vettori momento M_P (in generale liberi) applicati nei punti P. Si condideri ora un sistema di vettori Σ di risultante R e momento risultante M. Si considerino 2 poli P e Q; come è noto può scriversi:

$$\mathbf{M}_P = \mathbf{M}_Q + (Q-P) \wedge \mathbf{R} \qquad (2.7.11)$$

Moltiplicando scalarmente per $(P-Q)$ la (2.7.11) si ottiene

$$(P-Q) \times (\mathbf{M}_P - \mathbf{M}_Q) = (P-Q) \times (Q-P) \wedge \mathbf{R} \qquad (2.7.12)$$

Poiché $(P-Q)$ e $(Q-P)$ sono paralleli il prodotto al 2° membro della (2.7.12) è nullo e pertanto:

$$(P-Q) \times (\mathbf{M}_P - \mathbf{M}_Q) = 0 \qquad (2.7.13)$$

Si è giunti così alla conclusione che quando un campo vettoriale coincide con un campo vettoriale momento è valida la (2.7.13). Simbolicamente allora:

$$\{(T, \mathbf{v}_T)\} \equiv \{(T, \mathbf{M}_T)\} \Leftrightarrow (\mathbf{v}_P - \mathbf{v}_Q) \times (P-Q) = 0 \qquad (2.7.14)$$

L' implicazione inversa, seppur vera, non sarà dimostrata in questa trattazione.

Ritornando adesso ai moti rigidi, poiché è valida la 1ª proprietà dei moti rigidi, il campo vettoriale delle velocità coincide con un campo vettoriale momento, cioè esiste almeno un sistema Σ di vettori applicati di risultante $\boldsymbol{\omega}$ il cui momento risultante $\mathbf{M}_T \equiv \mathbf{v}_T$. Simbolicamente:

$$\begin{aligned} M \text{ è rigido } &\overset{1^a \text{ proprietà}}{\Leftrightarrow} (P-Q)\times(\mathbf{v}_P - \mathbf{v}_Q) = 0 \\ &\overset{\text{prop.campi vett.mom.}}{\Leftrightarrow} \{(T,\mathbf{v}_T)\} \equiv \{(T,\mathbf{M}_T)\} \end{aligned} \tag{2.7.15}$$

ovvero esiste almeno un sistema Σ di vettori applicati di risultante $\boldsymbol{\omega}$ tale che $\mathbf{M}_T \equiv \mathbf{v}_T$

Allora tutte le proprietà dei momenti possono essere applicate al campo vettoriale delle velocità. Assumendo allora $T \equiv P$ e $T' \equiv Q$ si ha

$$\mathbf{v}_P = \mathbf{v}_Q + (Q-P)\wedge\boldsymbol{\omega} \quad \forall \text{P,Q} \in \text{S} \tag{2.7.16}$$

$\boldsymbol{\omega}$ si chiama velocità angolare del moto rigido (per una ragione che sarà chiarita nel seguito).

Casi particolari: se $\boldsymbol{\omega} = \mathbf{0}$ in un certo intervallo ed M è rigido allora $\mathbf{v}_P = \mathbf{v}_Q \quad \forall \text{P,Q} \in \text{S}$ ovvero M è traslatorio in tale intervallo. Viceversa se M è traslatorio in un certo intervallo allora $\boldsymbol{\omega} = \mathbf{0}$ poiché se M è traslatorio $\mathbf{v}_P = \mathbf{v}_Q \quad \forall \text{P,Q} \in \text{S}$ e, quindi, dalla 2ª proprietà dei moti rigidi $(Q-P)\wedge\boldsymbol{\omega} = \mathbf{0} \quad \forall \text{P,Q} \in \text{S}$. Essendo allora in generale $Q \neq P$ ed anche $(Q-P)$ in generale non parallelo ad $\boldsymbol{\omega}$, perché P e Q sono arbitrari, dev' essere per forza $\boldsymbol{\omega} = \mathbf{0}$.

La (2.7.16) è notevole poiché consente di esprimere la velocità di qualsiasi punto del sistema mediante i vettori $\mathbf{v}_Q$ e $\boldsymbol{\omega}$ che saranno perciò detti vettori caratteristici del moto rispetto al polo Q.

2.8 Teorema di Mozzi

2.8.1 Momento di un vettore rispetto ad un asse

Data la retta orientata r, il versore $\mathbf{e}$ ed il vettore applicato $(A,\mathbf{u})$, si consideri un punto $T \in r$ e la componente del momento di $\mathbf{u}$ rispetto a T su r: si vuole dimostrare che tale componente è indipendente dalla scelta del polo T su r

$$M_r^{(T)} = \mathbf{M}_T \times \mathbf{e} = (A - T) \wedge \mathbf{u} \times \mathbf{e} \tag{2.8.1}$$

Si consideri allora un polo $T' \in r$ con $T' \neq T$. Si ottiene:

$$M_r^{(T')} = \mathbf{M}_{T'} \times \mathbf{e} = (A - T') \wedge \mathbf{u} \times \mathbf{e} \tag{2.8.2}$$

Poiché è:

$$(A - T) = (A - T') + (T' - T) \tag{2.8.3}$$

sostituendo nella (2.8.1) si ha:

$$M_r^{(T)} = (A - T') \wedge \mathbf{u} \times \mathbf{e} + (T' - T) \wedge \mathbf{u} \times \mathbf{e} \tag{2.8.4}$$

ed essendo $(T' - T) // \mathbf{e}$ è $(T' - T) \wedge \mathbf{u} \times \mathbf{e} = 0$ nella (2.8.4) e quindi è:

$M_r^{(T)} = M_r^{(T')} \quad \forall T, T' \in r$. Allora si definisce momento del vettore $(A, \mathbf{u})$ rispetto ad r il numero scalare dato dalla componente del momento di $(A, \mathbf{u})$ rispetto ad un punto qualsiasi di r, su r stessa.

2.8.1 Asse centrale di un sistema di vettori

Si definisce asse centrale di un sistema Σ di vettori applicati con risultante $\mathbf{R} \neq \mathbf{0}$ il luogo dei punti $\boldsymbol{\Omega}$ rispetto a cui il momento risultante è nullo o pari a $\mathbf{M}_\Omega = \lambda \mathbf{R}$ cioè parallelo al risultante con λ indipendente.

Si consideri allora l' istante t di un moto rigido in cui $\boldsymbol{\omega} \neq 0$ (ovvero un moto non puramente traslatorio). Essendo $\boldsymbol{\omega}$ (non nullo) il risultante di un campo di vettori, esiste l' asse centrale a_T del sistema Σ_T il cui momento è $\mathbf{M}_P = \mathbf{v}_P$. I punti $\Omega \in a_T$ sono tali che, per quanto detto precedentemente, $\mathbf{M}_\Omega = \lambda \mathbf{R}$, valore indipendente da Ω. Quindi Σ ha risultante $\boldsymbol{\omega}$ e momento risultante $\mathbf{M}_P = \mathbf{v}_P$. Sia $A \in a_T$: si avrà $\mathbf{M}_A = \lambda \mathbf{R}$ ovvero $\mathbf{v}_A = \lambda \boldsymbol{\omega} \quad \forall A \in r$. Si pone $\boldsymbol{\tau} = \lambda \boldsymbol{\omega} = \mathbf{v}_A$ ovvero $\boldsymbol{\tau}$ è la velocità comune di tutti i punti di a_T. Si supponga M rigido. Per la

2^a proprietà dei moti rigidi $\mathbf{v}_P = \mathbf{v}_Q + (Q-P) \wedge \boldsymbol{\omega}$. Si scelga $Q = A \in a_T$. Si avrà allora $\mathbf{v}_P = \boldsymbol{\tau} + (A-P) \wedge \boldsymbol{\omega}$. Ora per definizione è $\boldsymbol{\tau} // \boldsymbol{\omega}$ e pertanto si è verificato che se M è rigido $\mathbf{v}_P(t) = \boldsymbol{\tau}(t) + (A-P) \wedge \boldsymbol{\omega}(t)$ con $\boldsymbol{\tau}(t) // \boldsymbol{\omega}(t)$ di direzione variabile istante per istante ma sempre paralleli tra loro.

Si osservi che questa formula è anche quella del moto rototraslatorio con l'unica differenza che in quest' ultimo moto $\boldsymbol{\tau} // \boldsymbol{\omega}$ è una direzione invariabile con t differenza di ciò che accade in un moto rigido generico in cui è $\boldsymbol{\tau}(t) // \boldsymbol{\omega}(t)$; inoltre il punto A nella formula del moto rototraslatorio è un punto fisso dello spazio solidale, mentre nella stessa (formalmente) formula per il moto rigido, A è un punto variabile e cioè è $A(t)$ ovvero non è sempre lo stesso punto dello spazio solidale poiché l'asse $r = r(t)$ di (istantanea) rotazione varia istante per istante.

La dimostrazione appena effettuata è quella del *teorema di Mozzi* che può essere enunciato come segue:

ogni atto di moto rigido è elicoidale, cioè in ogni istante t esiste un moto elicoidale uniforme tangente al moto rigido effettivo.

Operativamente ciò vuol dire che in un qualsiasi moto rigido, in ogni istante t esistono due vettori paralleli, $\boldsymbol{\tau}(t)$ e $\boldsymbol{\omega}(t)$ tali che qualsiasi punto P del sistema animato di moto rigido ha velocità

$$\mathbf{v}_P(t) = \boldsymbol{\tau}(t) + (A-P) \wedge \boldsymbol{\omega}(t) \quad \text{con} \quad \boldsymbol{\tau}(t) // \boldsymbol{\omega}(t) \qquad (2.8.5)$$

Da tale conclusione appare formalmente chiaro il perché $\boldsymbol{\omega}$ possa essere denominata velocità angolare del moto rigido.

Si noti bene che il moto rigido non è un moto elicoidale bensì ogni atto di moto rigido è elicoidale. L' asse di tale moto elicoidale uniforme tangente all' istante $\bar{t}$ al moto rigido è detto asse del moto (o di Mozzi) rigido a tale istante ed è il luogo dei punti che all' istante $\bar{t}$ hanno tutti velocità $\boldsymbol{\tau}(\bar{t})$ nulla o parallela a $\boldsymbol{\omega}(\bar{t})$. Nel caso in cui $\boldsymbol{\tau}(\bar{t}) = 0$ il moto elicoidale tangente si riduce ad un moto puramente rotatorio e l' asse di Mozzi degenera nell' asse di istantanea rotazione.

Caso particolare: si richiama anzitutto il concetto di invariante scalare. Per il sistema di vettori Σ applicati con risultante $\mathbf{R} \neq \mathbf{0}$ e momento risultante rispetto al polo O, M_O si definisce invariante scalare la quantità $I = \mathbf{M}_O \times \mathbf{R}$ in quanto I è indipendente da O. Infatti detti T e T' due poli si ha: $\mathbf{M}_T = \mathbf{M}_{T'} + (T' - T) \wedge \mathbf{R}$ moltiplicando scalarmente per $\mathbf{R}$ si ha $\mathbf{M}_T \times \mathbf{R} = \mathbf{M}_{T'} \times \mathbf{R} + (T' - T) \wedge \mathbf{R} \times \mathbf{R} = \mathbf{M}_{T'} \times \mathbf{R}$ essendo $(T' - T) \wedge \mathbf{R} \perp \mathbf{R}$.

Applicando la definizione di invariante scalare al campo dei vettori velocità si ha il cosiddetto invariante scalare cinematico:

$$I = \mathbf{v}_P \times \boldsymbol{\omega} \tag{2.8.6}$$

Se ora a $\mathbf{v}_P$ si sostituisce la formula (2.8.5) della velocità dei moti rigidi (teorema di Mozzi) si ottiene $I = \boldsymbol{\tau} \times \boldsymbol{\omega} + (A - P) \wedge \boldsymbol{\omega}(t) \times \boldsymbol{\omega} = \boldsymbol{\tau} \times \boldsymbol{\omega}$. Essendo però $\boldsymbol{\tau}(t) // \boldsymbol{\omega}(t)$, è

$$I = \pm \left| \boldsymbol{\tau} \right| \cdot \left| \boldsymbol{\omega} \right| \tag{2.8.7}$$

Pertanto si avrà $I = 0$ se è verificata almeno una delle condizioni:

$$\boldsymbol{\tau} = \mathbf{0} \quad \boldsymbol{\omega} = \mathbf{0} \tag{2.8.8}$$

ovvero se l' atto di moto è rispettivamente puramente rotatorio o puramente traslatorio.

Un esempio notevole di moto caratterizzato da atti di moto puramente rotatori ad ogni istante è quello del cosiddetto moto rigido sferico. Esso è il moto di un sistema S con un punto fisso O. In tal caso, infatti, ogni punto P del sistema si muove su una superficie sferica di centro O e raggio OP. In questo caso è: $I = \mathbf{v}_P \times \boldsymbol{\omega} = \mathbf{v}_O \times \boldsymbol{\omega} = 0$ essendo $\mathbf{v}_O = \mathbf{0}$ $\forall t$ e quindi l' atto di moto è o puramente traslatorio o puramente rotatorio ad ogni istante. Ma, se fosse puramente traslatorio ad ogni istante sarebbe $\mathbf{v}_P = \mathbf{v}_O = \mathbf{0}$ che è il caso banale di sistema in quiete perenne.

2.9 FORMULE DI POISSON

Si consideri un moto rigido del sistema S ed il vettore dello spazio solidale (cioè fisso nello spazio solidale) $\mathbf{u} = (P - Q)$ con P e Q quindi due punti qualsiasi di S. Per effetto dello spostamento (elementare) di S all' istante t sarà:

$$\frac{d\mathbf{u}}{dt} = \left.\frac{d\mathbf{u}}{dt}\right|_{T_\Omega} = \dot{P} - \dot{Q} = \mathbf{v}_P - \mathbf{v}_Q = (Q - P) \wedge \boldsymbol{\omega} = \boldsymbol{\omega} \wedge (P - Q) \tag{2.9.1}$$

ottenuta facendo uso della seconda proprietà caratteristica dei moti rigidi. (Con la scrittura $\left.\frac{d\mathbf{u}}{dt}\right|_{T_\Omega}$ si è voluto evidenziare che la derivata del vettore $\mathbf{u}$ dello spazio solidale è fatta nella terna fissa T_Ω).

Facendo uso della definizione del vettore $\mathbf{u}$, la (2.9.1) prende definitivamente la forma seguente:

$$\frac{d\mathbf{u}}{dt} = \boldsymbol{\omega} \wedge \mathbf{u} \tag{2.9.2}$$

Applicando la (2.9.2) ai versori $\mathbf{i}, \mathbf{j}, \mathbf{k}$ dello spazio solidale si ottengono le cosiddette formule di Poisson

$$\frac{d\mathbf{i}}{dt} = \boldsymbol{\omega} \wedge \mathbf{i} \qquad \frac{d\mathbf{j}}{dt} = \boldsymbol{\omega} \wedge \mathbf{j} \qquad \frac{d\mathbf{k}}{dt} = \boldsymbol{\omega} \wedge \mathbf{k} \tag{2.9.3}$$

Si può ottenere la (2.9.2) geometricamente osservando che nella Fig. 2.5 è:

$$\begin{aligned} du &= r \cdot d\vartheta = r \cdot \omega dt \\ r &= u \cdot \sin\alpha \end{aligned} \tag{2.9.4}$$

Pertanto:

$$du = u \cdot \sin\alpha \cdot \omega dt = u\omega \cdot \sin\alpha \cdot dt \tag{2.9.5}$$

e poiché la terna $\boldsymbol{\omega}, \mathbf{u}, d\mathbf{u}$ è levogira, può scriversi:

$$d\mathbf{u} = \boldsymbol{\omega} \wedge \mathbf{u} \cdot dt \tag{2.9.6}$$

2.10 Accelerazione in un moto rigido.

Detti P e Q due punti dello spazio solidale, come già visto, è valida la formula fondamentale dei moti rigidi:

$$\mathbf{v}_P = \mathbf{v}_Q + (Q-P) \wedge \boldsymbol{\omega} \tag{2.10.1}$$

Derivando rispetto al tempo t la (2.10.1), si ha:

$$\mathbf{a}_P = \frac{d\mathbf{v}_P}{dt} = \frac{d\mathbf{v}_Q}{dt} + \frac{d}{dt}(Q-P) \wedge \boldsymbol{\omega} + (Q-P) \wedge \frac{d\boldsymbol{\omega}}{dt} \tag{2.10.2}$$

e ponendo $\mathbf{a}_Q = \frac{d\mathbf{v}_Q}{dt}$ e $\boldsymbol{\alpha} = \frac{d\boldsymbol{\omega}}{dt}$ si ha:

$$\mathbf{a}_P = \mathbf{a}_Q + (\mathbf{v}_Q - \mathbf{v}_P) \wedge \boldsymbol{\omega} + (Q-P) \wedge \boldsymbol{\alpha} \tag{2.10.3}$$

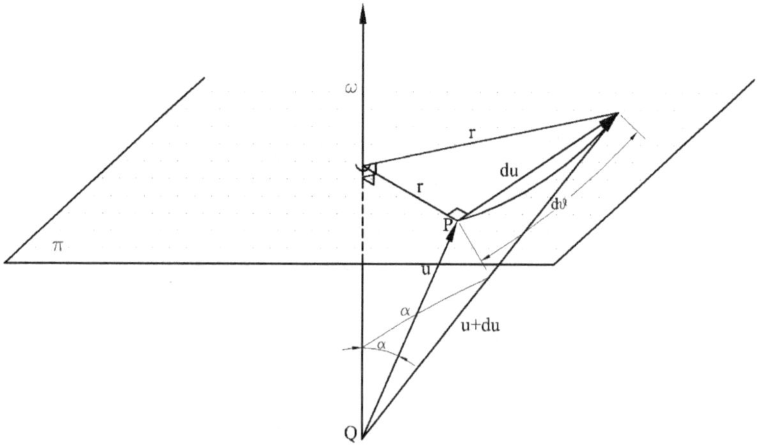

Fig. 2.5: Variazione del vettore $\mathbf{u} \in S$ per una rotazione elementare rigida di S

Sia ora r^* la retta dello spazio solidale parallela ad $\boldsymbol{\omega}$ passante per Q. Sia P^* la proiezione di P su r^* (Fig. 2.6). E' allora possibile scrivere:

$$(Q-P)=(Q-P^*)+(P^*-P) \tag{2.10.4}$$

con $(Q-P^*)$ componente di $(Q-P)$ su r^* e (P^*-P) componente di $(Q-P)$ perpendicolare ad r^*. Pertanto sostituendo la (2.10.4) nella (2.10.1) si ha:

$$\mathbf{v}_P=\mathbf{v}_Q+(P^*-P)\wedge\boldsymbol{\omega} \tag{2.10.5}$$

essendo $(Q-P^*)\wedge\boldsymbol{\omega}=\mathbf{0}$ poiché i vettori $(Q-P^*)$ e $\boldsymbol{\omega}$ sono paralleli.

Dalla (2.10.5) è:

$$\mathbf{v}_Q-\mathbf{v}_P=(P^*-P)\wedge\boldsymbol{\omega}=\boldsymbol{\omega}\wedge(P-P^*) \tag{2.10.6}$$

con $(P-P^*)$ quindi vettore ortogonale ad r^* e rivolto verso r^*.

Sostituendo la (2.10.6) nella (2.10.3) si ha:

$$\mathbf{a}_P=\mathbf{a}_Q+\left[\boldsymbol{\omega}\wedge(P-P^*)\right]\wedge\boldsymbol{\omega}+(Q-P)\wedge\boldsymbol{\alpha} \tag{2.10.7}$$

ovvero

$$\mathbf{a}_P=\mathbf{a}_Q-\boldsymbol{\omega}\wedge\left[(P-P^*)\wedge\boldsymbol{\omega}\right]+(Q-P)\wedge\boldsymbol{\alpha} \tag{2.10.8}$$

Utilizzando la formula del doppio prodotto vettoriale, si ha:

$$\mathbf{a}_P = \mathbf{a}_Q - [\boldsymbol{\omega}\cdot\boldsymbol{\omega}](P-P^*) - \left[\boldsymbol{\omega}\cdot\left(P-P^*\right)\right]\boldsymbol{\omega} + (Q-P)\wedge\boldsymbol{\alpha} \quad (2.10.9)$$

Ma $\boldsymbol{\omega}\cdot\left(P-P^*\right)=0$ essendo i vettori $\boldsymbol{\omega}$ e $\left(P-P^*\right)$ ortogonali tra loro.

Pertanto è in definitiva:

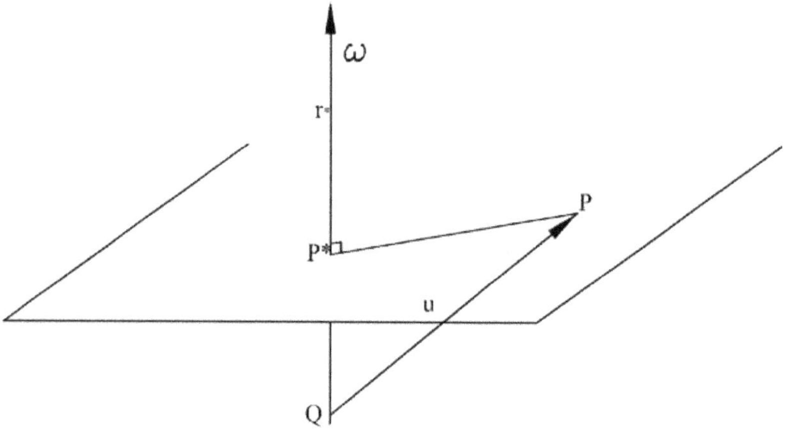

Fig. 2.6

$$\mathbf{a}_P = \mathbf{a}_Q - \omega^2\left(P-P^*\right) + (Q-P)\wedge\boldsymbol{\alpha} \quad (2.10.10)$$

2.11 Moti relativi

2.11.1 Velocità

Si considerino una terna fissa T_Ω di origine Ω ed assi ξ,η,ζ ed una terna T_O di origine O ed assi x,y,z i cui punti si muovono di moto rigido, per ipotesi, rispetto alla terna T_Ω. Sia (P,m) un punto materiale (fisico) la cui posizione, all' istante t fissato, nella terna T_O sia il punto (geometrico, cioè appartenente a T_O) P_R e nella terna T_Ω sia il punto (geometrico, cioè appartenente a T_Ω) P_A. Ovviamente al suddetto istante t i punti (geometrici) P_R e P_A coincidono e su di essi si trova quindi (P,m). Si definiscono allora:

moto *relativo*, $\mathbf{M}_R$, il moto di (P,m) rispetto alla terna T_O (ovvero il moto di (P,m) rispetto a P_R);

moto *assoluto*, $\mathbf{M}_A$ il moto di (P,m) rispetto alla terna T_Ω (ovvero il moto di (P,m) rispetto a P_A);

moto di *trascinamento*, $\mathbf{M}_T$, il moto di P_R rispetto alla terna T_Ω, cioè il moto di quel punto della terna mobile in cui si trova (P,m) all' istante t rispetto alla terna fissa T_Ω (ovvero il moto di P_R rispetto a P_A).

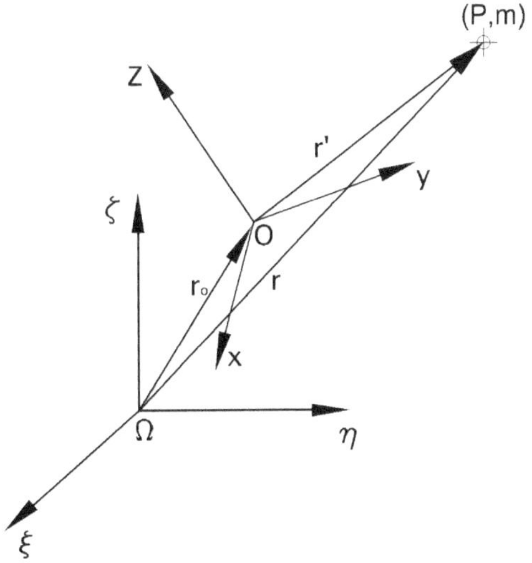

Fig. 2.7:Spostamenti

Conseguentemente si definiscono:

velocità *relativa*, $\mathbf{v}_R$, la velocità di (P,m) rispetto alla terna T_O;

velocità *assoluta*, $\mathbf{v}_A$, la velocità di (P,m) rispetto alla terna T_Ω;

velocità di *trascinamento*, $\mathbf{v}_\mathrm{T}$, la velocità di P_R rispetto alla terna T_Ω, cioè la velocità di quel punto della terna mobile in cui si trova (P,m) all' istante t rispetto alla terna fissa T_Ω.

In maniera del tutto analoga si definiscono le accelerazioni *relativa, assoluta* e di *trascinamento.*

La posizione di di P nella terna T_O è ottenuta, mediante la posizione di Ω in T_O e quella di P in T_Ω, come segue:

$$(P-\Omega)=(P-O)+(O-\Omega) \tag{2.11.1}$$

ovvero.

$$\mathbf{r} = \mathbf{r}' + \mathbf{r}_O \tag{2.11.2}$$

avendo, ovviamente, posto

$$\mathbf{r}=(P-\Omega);\ \mathbf{r}'=(P-O);\ \mathbf{r}_O=(O-\Omega).$$

Si richiama adesso la formula di Poisson che mette in relazione le derivate di un vettore in sistemi di riferimento in moto relativo tra loro. Detto, quindi, $\mathbf{v}(t)$ un generico vettore e indicate rispettivamente con $\left.\frac{d\mathbf{v}}{dt}\right|_{T_O}$ la derivata rispetto al tempo t di $\mathbf{v}$ nel riferimento T_O e con $\left.\frac{d\mathbf{v}}{dt}\right|_{T_\Omega}$ la derivata rispetto al tempo t di $\mathbf{v}$ nel riferimento T_Ω, e detta $\boldsymbol{\omega}$ la velocità di rotazione del riferimento T_O rispetto al riferimento T_Ω, si ha:

$$\left.\frac{d\mathbf{v}}{dt}\right|_{T_\Omega}=\left.\frac{d\mathbf{v}}{dt}\right|_{T_O}+\boldsymbol{\omega}\wedge\mathbf{v} \tag{2.11.3}$$

Pertanto, per la definizione di velocità e tenendo conto della (2.11.2), si ha:

$$\mathbf{v}_A = \left.\frac{d\mathbf{r}}{dt}\right|_{T_\Omega} = \left.\frac{d\mathbf{r}'}{dt}\right|_{T_\Omega} + \left.\frac{d\mathbf{r}_\Omega}{dt}\right|_{T_\Omega} \tag{2.11.4}$$

Per la (2.11.3), è

$$\left.\frac{d\mathbf{r}'}{dt}\right|_{T_\Omega} = \left.\frac{d\mathbf{r}'}{dt}\right|_{T_O} + \boldsymbol{\omega} \wedge \mathbf{r}' = \mathbf{v}_R + \boldsymbol{\omega} \wedge \mathbf{r}' \tag{2.11.5}$$

avendo posto, per definizione di velocità relativa

$$\mathbf{v}_R = \left.\frac{d\mathbf{r}'}{dt}\right|_{T_O} \tag{2.11.6}$$

Indicando altresì con

$$\mathbf{v}_O = \left.\frac{d\mathbf{r}_O}{dt}\right|_{T_\Omega} \tag{2.11.7}$$

dalla (2.11.4) si ottiene

$$\mathbf{v}_A = \mathbf{v}_O + \boldsymbol{\omega} \wedge \mathbf{r}' + \mathbf{v}_R \tag{2.11.8}$$

Infine, definendo velocità di trascinamento di P, dovuta al moto della terna T_Ω rispetto alla terna T_O, il vettore

$$\mathbf{v}_T = \mathbf{v}_O + \boldsymbol{\omega} \wedge \mathbf{r}' \tag{2.11.9}$$

si ottiene:

$$\mathbf{v}_A = \mathbf{v}_T + \mathbf{v}_R \tag{2.11.10}$$

che esprime la velocità assoluta di un punto P come somma della sua velocità di trascinamento dovuta al moto della terna mobile T_O rispetto a quella fissa T_Ω e della sua velocità relativa a T_O.

Nel caso particolare in cui $P \equiv O$ è $\mathbf{r}' = \mathbf{0}$ e quindi dalla (2.11.9) $\mathbf{v}_T = \mathbf{v}_O$ e

$$\mathbf{v}_A = \mathbf{v}_O + \mathbf{v}_R \tag{2.11.11}$$

2.11.1 **Accelerazione**

L' accelerazione di un generico punto P è, per definizione:

$$\mathbf{a}_a = \left.\frac{d\mathbf{v}}{dt}\right|_{T_\Omega} \tag{2.11.12}$$

Sostituendo la (2.11.10) si ottiene

$$\mathbf{a}_a = \left.\frac{d\mathbf{v}}{dt}\right|_{T_\Omega} = \left.\frac{d\mathbf{v}_T}{dt}\right|_{T_\Omega} + \left.\frac{d\mathbf{v}_R}{dt}\right|_{T_\Omega} \tag{2.11.13}$$

Tenendo conto della (2.11.9)

$$\mathbf{a}_a = \left.\frac{d\mathbf{v}}{dt}\right|_{T_\Omega} = \left.\frac{d\mathbf{v}_O}{dt}\right|_{T_\Omega} + \left.\frac{d\mathbf{v}_R}{dt}\right|_{T_\Omega} + \left.\frac{d\left(\boldsymbol{\omega} \wedge \mathbf{r}'\right)}{dt}\right|_{T_\Omega} \tag{2.11.14}$$

Ponendo (in coerenza con la definizione di accelerazione)

$$\mathbf{a}_O = \left.\frac{d\mathbf{v}_O}{dt}\right|_{T_\Omega} \tag{2.11.15}$$

e applicando la regola di Poisson (2.9.2) nella (2.11.14) agli altri termini, si ha

$$\left.\frac{d\mathbf{v}_R}{dt}\right|_{T_\Omega} = \left.\frac{d\mathbf{v}_R}{dt}\right|_{T_O} + \boldsymbol{\omega} \wedge \mathbf{v}_R = \mathbf{a}_R + \boldsymbol{\omega} \wedge \mathbf{v}_R \tag{2.11.16}$$

avendo posto per definizione

$$\mathbf{a}_R = \left.\frac{d\mathbf{v}_R}{dt}\right|_{T_O} \tag{2.11.17}$$

e

$$\left.\frac{d(\boldsymbol{\omega}\wedge\mathbf{r}')}{dt}\right|_{T_\Omega}=\left.\frac{d(\boldsymbol{\omega}\wedge\mathbf{r}')}{dt}\right|_{T_O}+\boldsymbol{\omega}\wedge(\boldsymbol{\omega}\wedge\mathbf{r}')=$$
$$=\left.\frac{d\boldsymbol{\omega}}{dt}\right|_{T_O}\wedge\mathbf{r}'+\boldsymbol{\omega}\wedge\left.\frac{d\mathbf{r}'}{dt}\right|_{T_O}+\boldsymbol{\omega}\wedge(\boldsymbol{\omega}\wedge\mathbf{r}') \qquad (2.11.18)$$

si ha

$$\mathbf{a}_a=\mathbf{a}_O+\mathbf{a}_R+\boldsymbol{\omega}\wedge\mathbf{v}_R+\boldsymbol{\omega}\wedge(\boldsymbol{\omega}\wedge\mathbf{r}') \qquad (2.11.19)$$

Conviene scrivere l' ultimo termine della (2.11.18) esprimendo il vettore $\mathbf{r}'$ nella somma delle sue componenti rispettivamente $(\mathbf{r}')_{\boldsymbol{\omega}}$ parallela ad $\boldsymbol{\omega}$ e $(\mathbf{r}')_{\perp\boldsymbol{\omega}}$ perpendicolare ad $\boldsymbol{\omega}$

$$\mathbf{r}'=(\mathbf{r}')_{\boldsymbol{\omega}}+(\mathbf{r}')_{\perp\boldsymbol{\omega}} \qquad (2.11.20)$$

ottenendo (essendo $\boldsymbol{\omega}\wedge(\mathbf{r}')_{\boldsymbol{\omega}}=\mathbf{0}$)

$$\boldsymbol{\omega}\wedge(\boldsymbol{\omega}\wedge\mathbf{r}')=\boldsymbol{\omega}\wedge\left(\boldsymbol{\omega}\wedge(\mathbf{r}')_{\perp\boldsymbol{\omega}}\right) \qquad (2.11.21)$$

Applicando la regola del doppio prodotto vettoriale, si ha:

$$\boldsymbol{\omega}\wedge\left(\boldsymbol{\omega}\wedge(\mathbf{r}')_{\perp\boldsymbol{\omega}}\right)=\left[\boldsymbol{\omega}\cdot(\mathbf{r}')_{\perp\boldsymbol{\omega}}\right]\boldsymbol{\omega}-[\boldsymbol{\omega}\cdot\boldsymbol{\omega}](\mathbf{r}')_{\perp\boldsymbol{\omega}}=$$
$$=-[\boldsymbol{\omega}\cdot\boldsymbol{\omega}](\mathbf{r}')_{\perp\boldsymbol{\omega}}=-\omega^2(\mathbf{r}')_{\perp\boldsymbol{\omega}} \qquad (2.11.22)$$

Ponendo

$$\boldsymbol{\alpha}=\left.\frac{d\boldsymbol{\omega}}{dt}\right|_{T_O} \qquad (2.11.23)$$

e tenendo conto della definizione data dalla (2.11.6), la (2.11.18) da luogo a

$$\left.\frac{d(\boldsymbol{\omega}\wedge\mathbf{r}')}{dt}\right|_{T_\Omega}=\boldsymbol{\alpha}\wedge\mathbf{r}'+\boldsymbol{\omega}\wedge\mathbf{v}_R-[\boldsymbol{\omega}\cdot\boldsymbol{\omega}](\mathbf{r}')_{\perp\boldsymbol{\omega}} \qquad (2.11.24)$$

Sostituendo le (2.11.15), (2.11.16) e (2.11.24) nella (2.11.14) si ha, in definitiva

$$\mathbf{a}_a = \mathbf{a}_O + \mathbf{a}_R + 2\boldsymbol{\omega} \wedge \mathbf{v}_R + \boldsymbol{\alpha} \wedge \mathbf{r}' - \omega^2 (\mathbf{r}')_{\perp\boldsymbol{\omega}} \tag{2.11.25}$$

Dette

$$\mathbf{a}_{TAN} = \boldsymbol{\alpha} \wedge \mathbf{r}' \tag{2.11.26}$$

l' accelerazione tangenziale di P nel riferimento T_O e

$$\mathbf{a}_{CENTR} = -\omega^2 (\mathbf{r}')_{\perp\boldsymbol{\omega}} \tag{2.11.27}$$

l' accelerazione centripeta di P nel riferimento T_O

nonché

$$\mathbf{a}_C = 2\boldsymbol{\omega} \wedge \mathbf{v}_R \tag{2.11.28}$$

l' accelerazione complementare (di Coriolis) di P, si ha, in definitiva, che l' accelerazione di un punto P, che si muove in un sistema di riferimento T_O mobile (rigidamente) a sua volta in un sistema di riferimento fisso T_Ω, è

$$\mathbf{a}_a = \mathbf{a}_O + \mathbf{a}_R + \mathbf{a}_C + \mathbf{a}_{TAN} + \mathbf{a}_{CENTR} \tag{2.11.29}$$

Indicando con

$$\mathbf{a}_T = \mathbf{a}_O + \mathbf{a}_{TAN} + \mathbf{a}_{CENTR} \tag{2.11.30}$$

l' accelerazione di trascinamento di P, si ha in conclusione:

$$\mathbf{a}_a = \mathbf{a}_T + \mathbf{a}_R + \mathbf{a}_C \tag{2.11.31}$$

2.11.1.a **Casi particolari**

1. Si osservi che, come per la velocità, nel caso particolare in cui $P \equiv O$ è $\mathbf{r}' = \mathbf{0}$ e quindi dalle (2.11.26) e (2.11.27) si ha $\mathbf{a}_{TAN} = \mathbf{0}$ e $\mathbf{a}_{CENTR} = \mathbf{0}$ ovvero

$$\mathbf{a}_a = \mathbf{a}_O + \mathbf{a}_R + \mathbf{a}_C \tag{2.11.32}$$

2. Nel caso in cui all' istante t è $\mathbf{v}_R = \mathbf{0}$ è $\mathbf{a}_C = \mathbf{0}$ e quindi

$$\mathbf{a}_a = \mathbf{a}_T + \mathbf{a}_R \tag{2.11.33}$$

3. Nel caso in cui $\boldsymbol{\alpha} = \mathbf{0}$ è $\mathbf{a}_{TAN} = \mathbf{0}$ e risulta, dalla (2.11.30)

$$\mathbf{a}_T = \mathbf{a}_\Omega + \mathbf{a}_{CENTR}$$

2.11.2 Principio dei moti relativi per i sistemi di punti

Nel caso di un sistema di n punti $S = \{P_j\}_{j=1\dots n}$ (discreto o continuo) si estende, come si ricorderà, il concetto di velocità di un punto all'istante t definendo l' atto di moto $\alpha(t)$ di S all'istante t come l'insieme dei vettori velocità dei punti del sistema all' istante t applicati nelle posizioni che questi occupano a tale istante. In termini simbolici:

$$\alpha(t) = \left\{\left(P_j(t), \mathbf{v}_{P_j}(t)\right)\right\}_{j=1\dots n} \tag{2.11.34}$$

Applicando il principio dei moti relativi ad ogni singolo punto P_j $j = 1\dots n$ si ha:

$$\mathbf{v}^A_{P_j}(t) = \mathbf{v}^T_{P_j}(t) + \mathbf{v}^R_{P_j}(t) \quad \forall j = 1\dots n \tag{2.11.35}$$

Allora se si definiscono nel modo seguente:

$$\begin{aligned}
\alpha_R(t) &= \left\{\left(P_j(t), \mathbf{v}^R_{P_j}(t)\right)\right\}_{j=1\dots n} && \text{atto di moto relativo} \\
\alpha_\tau(t) &= \left\{\left(P_j(t), \mathbf{v}^\tau_{P_j}(t)\right)\right\}_{j=1\dots n} && \text{atto di moto di trascinamento} \\
\alpha_A(t) &= \left\{\left(P_j(t), \mathbf{v}^A_{P_j}(t)\right)\right\}_{j=1\dots n} && \text{atto di moto assoluto}
\end{aligned} \tag{2.11.36}$$

avendo, per definizione di atto di moto, applicato i vettori velocità relativa, di trascinamento e assoluta, per ogni punto di S, nella sua posizione, in base alla definizione di composizione di atti di moto, si può dire che:

in ogni istante t del moto di un sistema S, l' atto di moto assoluto del sistema è composto dall' atto di moto relativo e dall' atto di moto di trascinamento.

2.12 Composizione di più atti di moto

Siano $\alpha_1(t),\alpha_1(t),\ldots\alpha_n(t),\alpha(t)$ $(n+1)$ atti di moto di un sistema S computati nello stesso istante t in cui il sistema occupa la posizione $P(t)$:

$$\begin{aligned}
\alpha_1(t) &= \left\{\left(P(t),\mathbf{v}_P^{(1)}(t)\right)\right\}_{\forall P\in S};\\
\alpha_2(t) &= \left\{\left(P(t),\mathbf{v}_P^{(2)}(t)\right)\right\}_{\forall P\in S};\\
\alpha_n(t) &= \left\{\left(P(t),\mathbf{v}_P^{(n)}(t)\right)\right\}_{\forall P\in S};\\
\alpha(t) &= \left\{\left(P(t),\mathbf{v}_P(t)\right)\right\}_{\forall P\in S};
\end{aligned} \tag{2.12.1}$$

Si dirà che $\alpha(t)$ è composto dagli atti di moto $\alpha_i(t)$ $\forall i=1\ldots n$ se:

$$\mathbf{v}_P(t)=\sum_{i=1}^{n}\mathbf{v}_P^{(i)}(t) \quad \forall P\in S \tag{2.12.2}$$

Si supponga che gli $\alpha_i(t)$ $\forall i=1\ldots n$ siano rigidi all'istante t (e a priori non gli $\alpha(t)$). Per la 2^a proprietà dei moti rigidi (2.7.16) allora

$$\mathbf{v}_P^{(i)}=\mathbf{v}_Q^{(i)}+(Q-P)\wedge\boldsymbol{\omega}^{(i)} \quad \forall \mathrm{P,Q}\in \mathrm{S} \tag{2.12.3}$$

Sommando le n relazioni (2.12.3) si ha:

$$\sum_{i=1}^{n}\mathbf{v}_P^{(i)}=\sum_{i=1}^{n}\mathbf{v}_Q^{(i)}+(Q-P)\wedge\sum_{i=1}^{n}\boldsymbol{\omega}^{(i)} \quad \forall \mathrm{P,Q}\in \mathrm{S} \tag{2.12.4}$$

Dalla definizione di atto di moto composto (2.12.2), ponendo a questo punto:

$$\mathbf{v}_P = \sum_{i=1}^{n} \mathbf{v}_P^{(i)} \ ; \quad \mathbf{v}_Q = \sum_{i=1}^{n} \mathbf{v}_Q^{(i)} \ ; \quad \boldsymbol{\omega} = \sum_{i=1}^{n} \boldsymbol{\omega}^{(i)} \tag{2.12.5}$$

la (2.12.4) si scrive:

$$\mathbf{v}_P = \mathbf{v}_Q + (Q - P) \wedge \boldsymbol{\omega} \quad \forall \mathrm{P,Q} \in \mathrm{S} \tag{2.12.6}$$

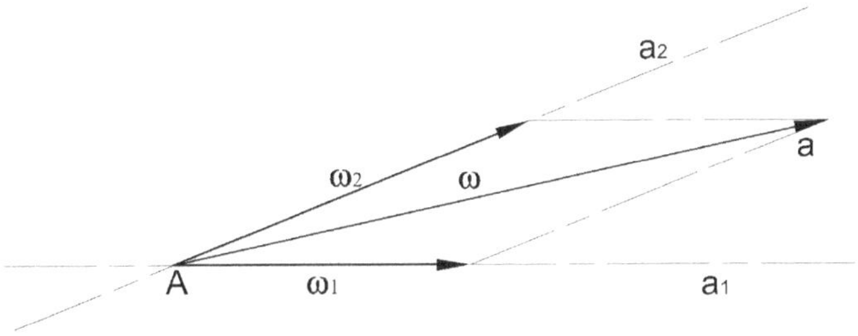

Fig. 2.8: Atto di moto composto da 2 atti di moto rotatori intorno a d assi incidenti

che assicura, sempre per la 2ª proprietà dei moti rigidi, che l' atto di moto composto $\alpha(t)$ sia rigido. Pertanto si può concludere che:

l' atto di moto composto da n atti di moto rigidi è a sua volta rigido e i suoi vettori caratteristici $\mathbf{v}_P, \mathbf{v}_Q, \boldsymbol{\omega}$ (vedi (2.12.5)) sono la somma degli omonimi vettori caratteristici degli atti di moto componenti.

2.12.1.a **Casi particolari**

Si supponga che gli atti di moto componenti $\alpha_i(t) \quad \forall i = 1 \ldots n$ siano tutti rotatori (quindi particolari atti di moto rigidi) intorno ad assi concorrenti in un unico punto A e pertanto ad ognuno di questi si può associare il vettore applicato $\left(A, \boldsymbol{\omega}^{(i)}\right)$. In termini simbolici: $\alpha_i(t) \rightarrow \left(A, \boldsymbol{\omega}^{(i)}\right) \quad \forall i = 1 \ldots n$. Questa associazione è giustificata dal fatto che, per definizione di atto di moto è $\alpha_i(t) = \left\{\left(P, \mathbf{v}_P^{(i)}\right)\right\}_{\forall P \in S} \quad \forall i = 1 \ldots n$ e se l' atto di moto è rotatorio la (2.12.3) può scriversi

$$\mathbf{v}_P^{(i)} = \left(Q^{(i)} - P\right) \wedge \boldsymbol{\omega}^{(i)} \quad \forall \mathrm{P} \in \mathrm{S}, \forall Q^{(i)} \in a^{(i)} \tag{2.12.7}$$

purché, cioè, il punto $Q^{(i)}$ nell' atto di moto i-esimo si trovi sull' asse di istantanea rotazione $a^{(i)}$ di questo. Poiché però il punto A appartiene (lui solo, perché gli assi istantanei di rotazione sono concorrenti in A) a tutti gli assi di istantanea rotazione $a^{(i)}$ all' istante t, scegliendo $Q^{(i)} = A \quad \forall i = 1 \dots n$ la (2.12.7) prende la forma

$$\mathbf{v}_P^{(i)} = \left(A - P\right) \wedge \boldsymbol{\omega}^{(i)} \quad \forall \mathrm{P} \in \mathrm{S} \tag{2.12.8}$$

Applicando la (2.12.6) tenendo conto della (2.12.8), si ha:

$$\mathbf{v}_P = \sum_{i=1}^{n} \mathbf{v}_P^{(i)} = \left(A - P\right) \wedge \sum_{i=1}^{n} \boldsymbol{\omega}^{(i)} \quad \forall \mathrm{P} \in \mathrm{S} \tag{2.12.9}$$

Posto (come fatto in generale nella (2.12.5)) $\boldsymbol{\omega} = \sum_{i=1}^{n} \boldsymbol{\omega}^{(i)}$ si ha

$$\mathbf{v}_P = \sum_{i=1}^{n} \mathbf{v}_P^{(i)} = \left(A - P\right) \wedge \boldsymbol{\omega} \quad \forall \mathrm{P} \in \mathrm{S} \tag{2.12.10}$$

e cioè l' atto di moto composto da n atti di moto rotatori intorno ad assi concorrenti in uno stesso punto A è a sua volta rotatorio intorno ad una retta passante anch'essa per A e parallela al risultante delle velocità angolari $\boldsymbol{\omega}^{(i)}$ degli atti di moto componenti (in Fig. 2.7 si riporta il caso di $n = 2$).

Questo risultato consente anche di estendere il principio dei moti relativi (2.11.35) che, si badi bene, è espresso in termini di velocità e non di velocità angolari, al caso di moti rotatori purché il moto rotatorio di trascinamento e quello rotatorio relativo avvengano intorno ad assi incidenti: in tal caso infatti, per quanto detto, il moto assoluto è anch'esso rotatorio intorno ad un asse concorrente con i primi due.

Si rimarca ancora una volta che, se gli assi di istantanea rotazione all'istante t dei moti rotatori componenti, non s'incontrassero tutti nello stesso punto, non si potrebbe invece dire, in generale, che l' atto di moto composto è rotatorio. Si può solo dire che è rigido e quindi elicoidale.

2.13 MOTO RIGIDO PARALLELO AD UN PIANO

Il moto rigido parallelo ad un piano è il moto di un sistema S che ammetta un piano ad esso solidale che si muova rimanendo sempre sovrapposto ad un piano fisso*.

E' allora evidente dalla Fig. 2.8 che detta Q la proiezione del generico punto P di S sul piano solidale π_{xy} che si muove mantenendosi sovrapposto al piano fisso $\pi_{\xi\eta}$, il vettore $\mathbf{u} = (P - Q) =$ costante con il tempo t e pertanto

$$\frac{d\mathbf{u}}{dt} = \dot{P} - \dot{Q} = 0 \Rightarrow \mathbf{v}_P = \mathbf{v}_Q \qquad (2.13.1)$$

Poiché Q si muove sul piano $\pi_{\xi\eta}$ cui π_{xy} si mantiene sovrapposto, è $\mathbf{v}_Q // \pi_{xy}$ essendo $\mathbf{v}_Q$ tangente alla traiettoria di Q. Pertanto è anche $\mathbf{v}_P // \pi_{xy}$. Applicando la 2^a proprietà dei moti rigidi ai punti P e Q, $\mathbf{v}_P = \mathbf{v}_Q + (Q - P) \wedge \boldsymbol{\omega}$, tenendo conto della (2.13.1) dev'essere $(Q - P) \wedge \boldsymbol{\omega} = \mathbf{0}$.

* Esso è un particolare (perché rigido) moto piano di un sistema poiché i punti del sistema si muovono descrivendo traiettorie su piani tutti paralleli tra di loro

Allora sarà $\boldsymbol{\omega} // (P-Q)$ (essendo in generale $(Q-P) \neq \mathbf{0}$) e quindi $\boldsymbol{\omega} \perp \pi_{xy}$. Allora è $\mathbf{v}_P \perp \boldsymbol{\omega}$ e pertanto l'invariante scalare cinematico è nullo: $I = \mathbf{v}_P \times \boldsymbol{\omega} = 0$ e l' atto di moto, per quanto asserito nel paragrafo 2.8.1 formula (2.8.8), è puramente rotatorio o puramente traslatorio. Si può dunque concludere che: in un moto rigido parallelo ad un piano l' atto di moto o è o puramente traslatorio parallelamente al piano fisso (e cioè i vettori velocità sono tutti paralleli al piano fisso) o è puramente rotatorio intorno a rette perpendicolari al piano fisso che sono istante per istante gli assi di istantanea rotazione del moto.

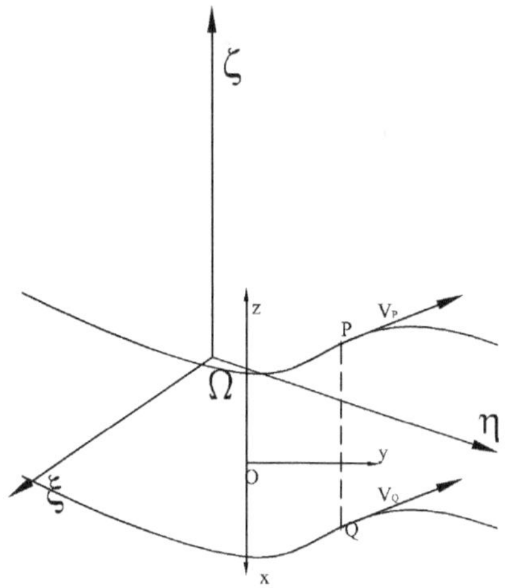

Fig. 2.9: Moto rigido parallelo ad un piano

2.14 Moti rigidi piani

Si consideri un piano fisso π ed un corpo rigido S il cui moto M_{RIG} in un intervallo Δt è tale da ammettere un piano ad esso solidale, p, che si mantenga sempre sovrapposto a π. Dalla definizione data nel paragrafo 2.13, M_{RIG} è un moto rigido di S parallelo al piano π.

Sia p' la sezione di S ottenuta con un qualsiasi piano parallelo a p.

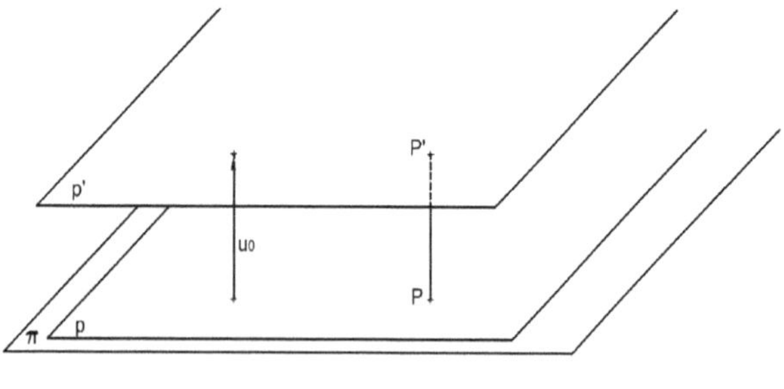

Fig. 2.10: Moto rigido piano

Allora ad ogni punto P' di p' corrisponde, sul piano p, la sua proiezione ortogonale indicata con P. E' evidente che nel moto M_{RIG} è $P'-P=\text{cost}$ qualunque sia P' un punto del piano p'. Detta $\mathbf{u}_0$ la traslazione tra i due piani, è $P'-P=\mathbf{u}_0$ da cui:

$$P'=P+\mathbf{u}_0 \qquad (2.14.1)$$

Mediante la (2.14.1) si ottiene la traiettoria di P' (qualunque esso sia un punto di S), sul piano p', conoscendo quella di P. Inoltre, poiché $\mathbf{u}_0=\text{costante}$ per ogni posizione di P' e quindi di t, derivando la (2.14.1), si ha:

$$\dot{P}'=\dot{P} \qquad \text{e} \qquad \ddot{P}'=\ddot{P} \qquad (2.14.2)$$

pertanto tali traiettorie saranno descritte da P' con uguali velocità e accelerazione di P. Da quanto appena detto consegue che, in un moto rigido parallelo ad un piano, conoscendo il moto del piano mobile p (cioè di ogni punto P di esso) si conosce il moto dei punti di S appartenenti a qualsiasi altro piano p', solidale a S, parallelo a p. Per questa ragione, il moto rigido parallelo ad un piano si riduce al solo moto del piano base p sul piano fisso π e, questo moto lo si dice moto rigido piano.

Riepilogando, si definisce moto rigido piano il moto rigido di un piano mobile su un piano fisso.

2.14.1 Studio delle traiettorie in un moto rigido piano

Siano p il piano mobile e π il piano fisso di un moto rigido

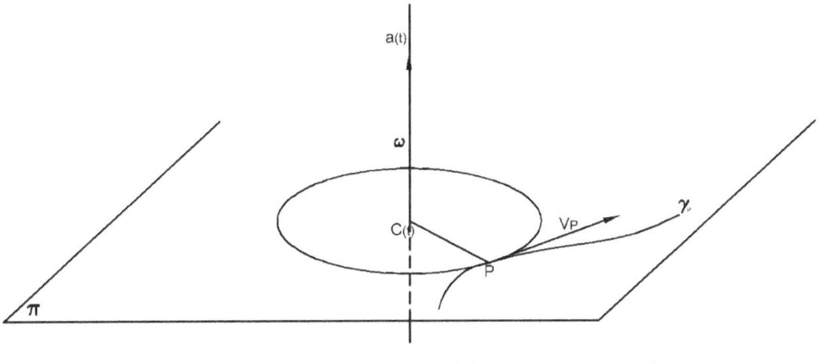

Fig. 2.11: Moto rigido piano: centro di istantanea rotazione

piano M_{RP} nell' intervallo Δt.

Poiché il moto rigido piano è un particolare moto rigido parallelo ad un piano, per quanto detto nel paragrafo 2.13, l' atto di moto $\alpha(t)$ di M_{RP} è, in ogni istante t dell'intervallo Δt, o puramente traslatorio parallelamente a π o puramente rotatorio intorno a rette $r(t)$ tutte perpendicolari a π. In simboli:

$\alpha(t) \forall t \in \Delta t$:

$$1) \text{ traslatorio}//\pi \Rightarrow \mathbf{v}_P = \mathbf{v}_Q \quad \forall P, Q \in S \tag{2.14.3}$$

$$2) \text{ rotatorio} \perp \pi \Rightarrow \mathbf{v}_P = (A - P) \wedge \boldsymbol{\omega} \begin{cases} \forall A \in a(t) \perp \pi \\ \boldsymbol{\omega} \perp \pi \end{cases}$$

Si indichi con $C(\bar{t}) = C_{\bar{t}}$ il punto all' infinito nella direzione dell' atto di moto, nel caso in cui questo sia traslatorio o, nel caso in cui sia rotatorio, il punto intersezione dell'asse di istantanea rotazione $a(\bar{t})$ con il piano π (vedi Fig. 2.10). Tale punto $C_{\bar{t}}$ si chiamerà centro di istantanea rotazione all' istante t del moto rigido piano M_{RP}.

Nel caso di atto di moto rotatorio è:

$$\mathbf{v}_{C_{\bar{t}}} = \mathbf{0} \qquad \mathbf{v}_P(\bar{t}) = (C_{\bar{t}} - P) \wedge \boldsymbol{\omega} \quad \forall \mathrm{P} \in \mathrm{S} \tag{2.14.4}$$

Poiché il vettore $(C_{\bar{t}} - P)$ appartiene al piano π mentre $\boldsymbol{\omega}$ ne è perpendicolare, è $(C_{\bar{t}} - P) \perp \boldsymbol{\omega}$ e pertanto si ha $|\mathbf{v}_P| = |C_{\bar{t}}P| \cdot |\boldsymbol{\omega}| \quad \forall \mathrm{P} \in \mathrm{S}$. La conclusione a cui si è giunti dimostra il teorema di Chasles, il cui enunciato è:

in un moto rigido piano, in ogni istante, le normali alle traiettorie dei punti del piano mobile, nelle posizioni da questi occupate all' istante t, passano tutte per il centro di istantanea rotazione a tali istanti se l' atto di moto è puramente rotatorio e per il punto all'infinito normale a quello della direzione del moto nel caso di atto di moto traslatorio.

Si noti, dalla (2.14.4), che il centro di istantanea rotazione all' istante t è il punto del piano mobile che all' istante t ha velocità nulla.

2.14.2 **Traiettorie polari in un moto rigido piano**

2.14.2.a **Rotolamento di una curva su un'altra**

Si considerino i consueti p piano mobile e π piano fisso ai quali, rispettivamente, appartengono una curva C ed una curva γ (in simboli $C \in p,\ \gamma \in \pi$).

Si prenda in esame un moto rigido piano $M_{Rolling}$ di p su π in un intervallo Δt caratterizzato dal fatto che in ogni istante C e γ abbiano un punto in comune con la relativa tangente.

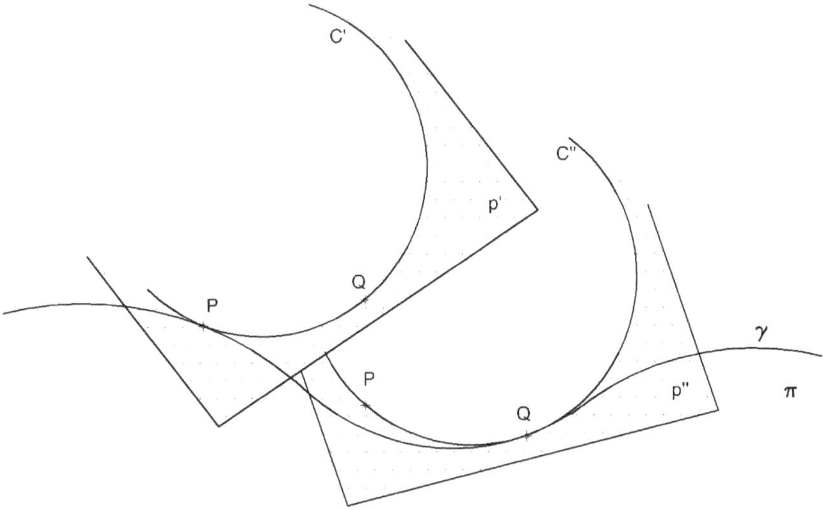

Fig. 2.12: Rotolamento di C su γ

Si dirà in questo caso che nel moto rigido piano $M_{Rolling}$ C rotola su γ.

In altre parole se l'insieme delle posizioni che la curva C assume sul piano π nell'intervallo Δt di $M_{Rolling}$ è un insieme di curve del piano π ognuna delle quali tangente a γ, nel moto $\mathrm{M}_{Rolling}$ C rotola su γ (Fig. 2.11).

2.14.2.b **Strisciamento**

Si prendano in esame (Fig. 2.12) le due posizioni di C, $C'=C(t')$ e $C''=C(t'')$ agli istanti t' e t''. Sia H il punto geometrico di contatto tra C e γ ed H_C quel punto di C che è a contatto con γ all' istante t. Si tenga presente che, in generale, in istanti diversi, il punto di C che è a contatto con γ cambia; in questo caso si suppone invece che nei due istanti successivi t' e t'' continui ad essere lo stesso $H_C \in C$ il punto di contatto per C. In tal caso quindi, lo spostamento $\mathbf{\Delta H_C}$ di H_C su γ è non nullo e pertanto si dice esserci strisciamento (o slittamento) di C su γ (a dire il vero non sarebbe necessario collegare le posizioni $\mathbf{H_C}$ e $\mathbf{H_C}+\mathbf{\Delta H_C}$ agli istanti di tempo.

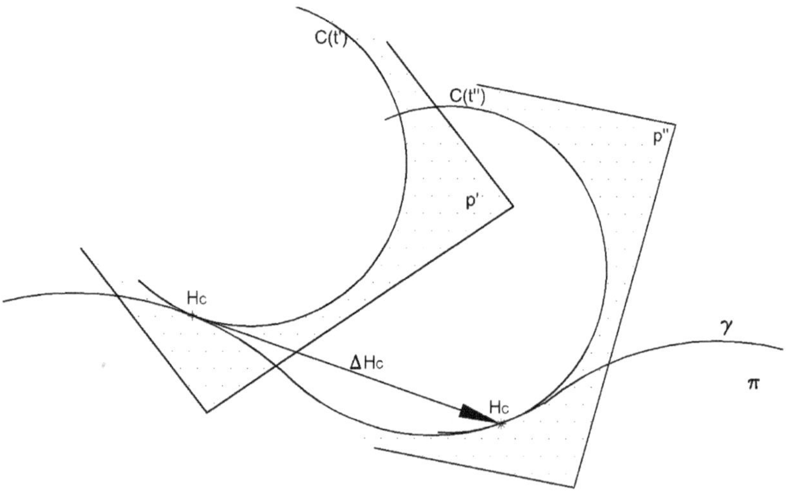

Fig. 2.13: **Rotolamento con strisciamento di C su γ**

Esse sono solo due posizioni diverse dello stesso punto $H_C \in C$ su γ e la differenza tra queste due posizioni è lo strisciamento. Si noti bene che questa differenza di due posizioni, che per definizione è uno spostamento, viene detta strisciamento di C su γ perché le due posizioni dello stesso punto $H_C \in C$ sono entrambe su γ).

Se si suppone che gli istanti di tempo considerati t' e t'' differiscano di un infinitesimo dt , lo spostamento $\mathbf{\Delta H_C}$ di H_C tende allo spostamento elementare $d\mathbf{H_C}$. Tale $d\mathbf{H_C}$ si definisce strisciamento di C su γ all' istante t'. Pertanto per definizione è $d\mathbf{H_C} = \mathbf{v}_{Hc} \cdot dt$ e $\mathbf{v}_{Hc}$ è la velocità di strisciamento di C su γ all' istante t'. Se $\mathbf{v}_{Hc} = \mathbf{0}$ il moto di C su γ si dirà di puro rotolamento all' istante t.

Una definizione alternativa di velocità di strisciamento può darsi

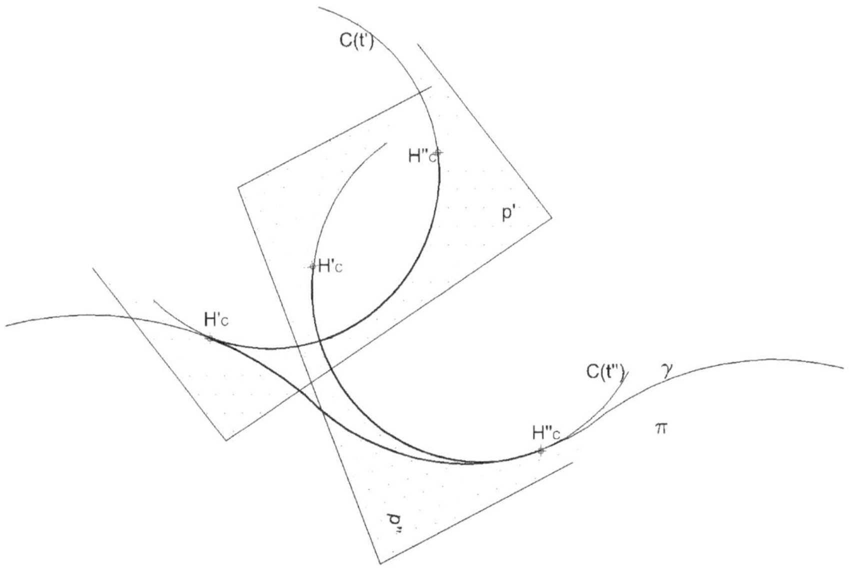

Fig. 2.14:Moto di rotolamento puro di C su γ in un intervallo Δt

ricorrendo ai moti relativi. Si consideri un punto H_O non appartenente né a γ né a C, che si muova mantenendosi sempre sovrapposto al punto di contatto di γ e C, durante il moto relativo di C rispetto a γ.

Si ritenga assoluto il moto di H_O rispetto a γ, relativo il moto di H_O rispetto a C e di trascinamento quello di C rispetto a γ. Corrispondentemente si definiscono:

$\mathbf{v}_O$	velocità di H_O rispetto a γ	velocità assoluta di H_O
$\mathbf{v}_r$	velocità di H_O rispetto a C	velocità relativa di H_O
$\mathbf{v}_\tau$	velocità (assoluta) del punto $H_m \in C$ su cui si trova H_O all' istante t	velocità di trascinamento di H_O

Nell' intervallo $\Delta t = [t', t'']$ in cui il moto è rigido piano, ad ogni istante di tempo t l' atto di moto è rotatorio caratterizzato dal suo centro di istantanea rotazione C_t. Quest'ultimo è quel punto del piano mobile che ha velocità assoluta nulla. Ma, sia chiaro, ad ogni istante t è un punto diverso del piano mobile (il caso particolare in cui il centro di istantanea rotazione è in tutto Δt sempre lo stesso punto del piano mobile, è quello del moto rotatorio ovvero di quel moto che ha in ogni istante atto di moto rotatorio ma sempre intorno allo stesso centro di istantanea rotazione).

Il luogo dei punti del piano mobile costituito dai punti del piano mobile che sono centri di istantanea rotazione durante il moto rigido piano che si considera, e che può anche vedersi come l'insieme delle posizioni $\{C_{t'}, C_{t''}, \ldots\}$ assunte dal centro di istantanea rotazione sul piano mobile, è una curva di questo piano che viene chiamata rulletta.

Allo stesso modo, l'insieme delle posizioni assunte dal centro di istantanea rotazione sul piano fisso, è una curva di questo piano che viene chiamata base.

Le due curve rulletta e base, si dicono traiettorie polari del moto rigido piano assegnato.

Esse si possono anche definire come le 2 traiettorie descritte rispettivamente sul piano mobile e sul piano fisso, da un punto C non appartenente né all'uno né all' altro piano che si muova mantenendosi sempre sovrapposto al centro di istantanea rotazione.

2.14.2.c **Esempio**

Sia assegnato il moto rigido piano di una ruota C che rotola su un binario γ. π è il piano fisso cui appartiene γ mentre p è il piano mobile parallelo a π cui appartiene C. Si supponga che non vi sia strisciamento. In questo caso, in ogni istante del moto (per meglio dire, in ogni posizione) il centro di istantanea rotazione è proprio il punto di contatto e cioè, facendo riferimento alla Fig. 2.12, è il punto C_{t1} nella posizione C_1 della ruota, il punto C_{t2} nella posizione C_2 della ruota, il

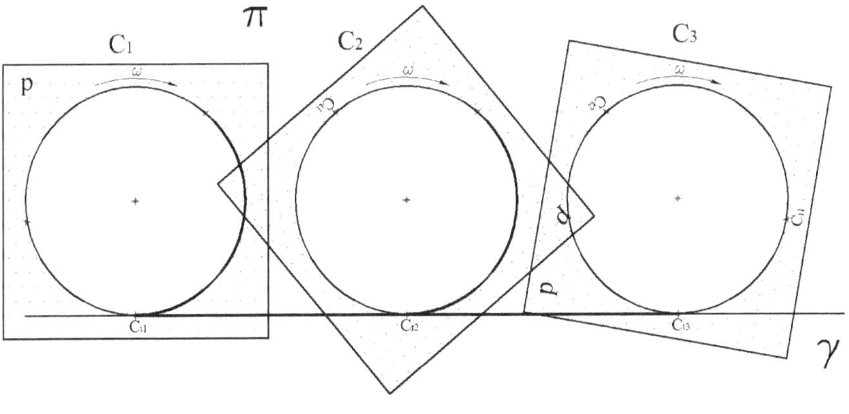

Fig. 2.15:Moto di rotolamento puro di una ruota C su un binario γ in un intervallo Δt

punto C_{t3} nella posizione C_3 della ruota e così via. Si osservi che il punto di C che si trovava in C_{t1} nella posizione C_1 della ruota non è più il centro di istantanea rotazione nelle posizioni C_2, C_3 di questa. Si osservi ancora che, in questo esempio, le curve C e γ sono proprio la rulletta e la base che caratterizzano il moto rigido piano assegnato.

2.14.2.d **Proprietà delle traiettorie polari**

La proprietà delle traiettorie polari è che, durante il moto rigido piano da esse caratterizzato, la rulletta rotola sulla base senza strisciare. Perché ciò accada è necessario che si verifichino i seguenti 2 fatti:

1. la rulletta rotoli sempre sulla base (e cioè vi sia in ogni istante un punto in comune, punto di contatto con la relativa tangente);
2. il rotolamento della rulletta sulla base sia puro.

Pertanto per dimostrare la proprietà delle traiettorie polari è necessario dimostrare i punti 1 e 2 appena enunciati partendo dalla definizione di traiettorie polari, cioè dal fatto che queste hanno in ogni istante del moto rigido piano un punto in comune che è il centro di istantanea rotazione.

Si consideri allora, Fig. 2.15, il punto C, non appartenente né alla rulletta c né alla base γ e tale che coincida con C_t (centro di istantanea rotazione all' istante t).

Il moto di C rispetto a γ lo si definisce assoluto.

Il moto di C rispetto a c lo si definisce relativo.

Il moto di c (rulletta) rispetto a γ (base) è il moto di trascinamento (si ricorda che è, in ogni istante, il moto di quel punto di c che si trova a contatto con γ).

Si indicano allora con:

$\mathbf{v}_a^{(C)}$ la velocità assoluta di C cioè la velocità di C rispetto a γ,

$\mathbf{v}_r^{(C)}$ la velocità relativa di C cioè la velocità di C rispetto c,

$\mathbf{v}_\tau^{(C)}$ la velocità di trascinamento della rulletta rispetto alla base,

cioè di quel punto della rulletta su cui, all' istante t, è sovrapposto C rispetto alla base. Poiché però tale punto è il centro di istantanea rotazione, è $\mathbf{v}_{\tau}^{(C)} = \mathbf{0}$. Inoltre, poiché C è anche il punto di contatto, la sua velocità per definizione è anche la velocità di trascinamento.

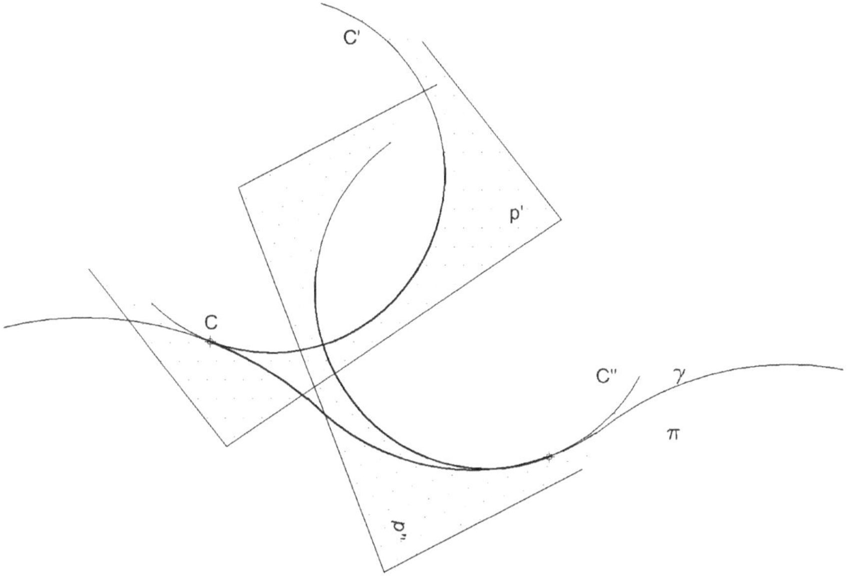

Fig. 2.16:Traiettorie polari di un moto rigido piano

In definitiva allora:

$$\mathbf{v}_{\tau}^{(C)} = \mathbf{v}_{strisciamento}^{(C)} = \mathbf{v}_{C_t} = \mathbf{0} \tag{2.14.5}$$

Sostituendo la (2.14.5) nella formula fondamentale dei moti relativi (2.11.10), che si riporta nel caso specifico come:

$$\mathbf{v}_{a}^{(C)} = \mathbf{v}_{r}^{(C)} + \mathbf{v}_{strisciamento}^{(C)} \tag{2.14.6}$$

si ottiene:

$$\mathbf{v}_{a}^{(C)} = \mathbf{v}_{r}^{(C)} \tag{2.14.7}$$

Poiché ora, per definizione, il vettore $\mathbf{v}_{a}^{(C)}$ all' istante t è tangente a γ in C_t mentre il vettore $\mathbf{v}_{r}^{(C)}$ all' istante t è tangente a c in C_t, dall'uguaglianza (2.14.7) si ha la coincidenza delle tangenti nel punto di contato tra rulletta e base come si richiedeva al punto 1.

Inoltre, in risposta al punto 2, il rotolamento è puro essendo, per la (2.14.5) $\mathbf{v}^{(C)}_{strisciamento} = \mathbf{0}$.

Da quanto detto si conclude che ad ogni moto rigido piano è associata una coppia di traiettorie polari dal cui moto relativo di rotolamento puro si ricava il moto di ogni punto del piano mobile nel piano fisso. In particolare facendo rotolare la rulletta sulla base senza strisciare (con qualsiasi legge del moto) si ricava la traiettoria di qualsiasi punto del piano mobile sul piano fisso.

In particolare è possibile ricavare la traiettoria proprio di un punto della rulletta.

Quando la rulletta è una circonferenza e la base è una retta, tale traiettoria si definisce cicloide (vedi Fig. 2.16).

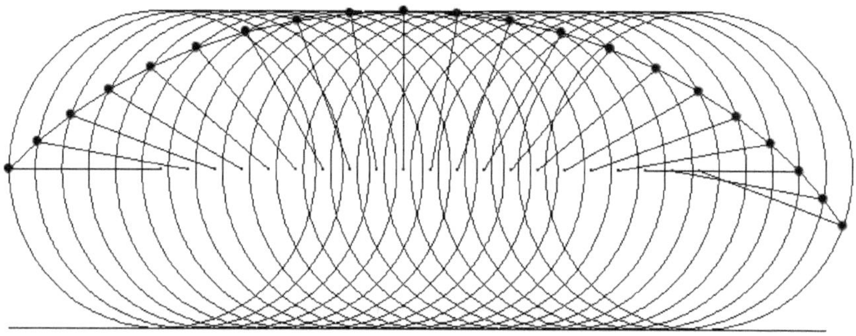

Fig. 2.17: Traiettoria cicloidale

Quando invece le due traiettorie polari sono una coppia di circonferenze si ha che (Fig. 2.17):

la traiettoria di un punto *P* della rulletta è una epicicloide se la rulletta è tangente esternamente alla base e rotola su di essa; in tal caso il moto si dice epicicloidale la traiettoria di un punto P della rulletta è una ipocicloide se la rulletta è tangente internamente alla base e rotola su di essa; in tal caso il moto si dice ipocicloidale

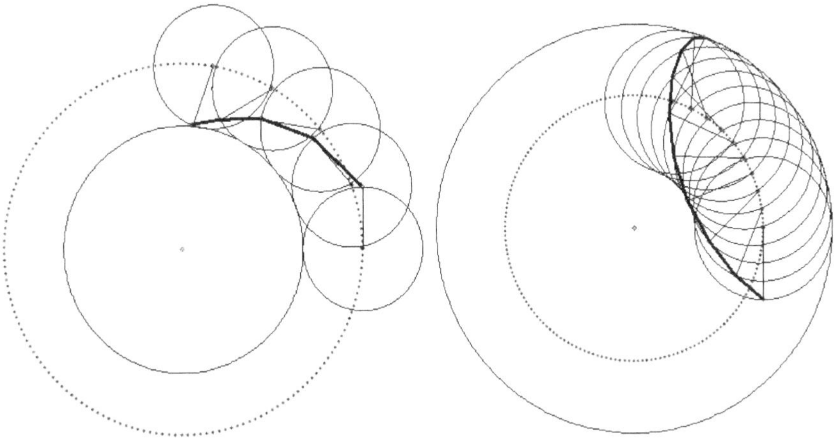

Fig. 2.18: Traiettorie epicicloidale ed ipocicloidale

2.14.2.e **Esempio di moto ipocicloidale: giunto di Oldham**

Un esempio di moto ipocicloidale è quello che si verifica in una classica applicazione della meccanica che è il giunto di Oldham. E' questo un dispositivo che serve alla trasmissione del moto tra alberi paralleli in presenza di piccoli disassamenti.

Sia dato il moto rigido piano di un'asta rigida AB le cui estremità A e B rispettivamente siano vincolate a muoversi sulle rette r_1 ed r_2 (Fig. 2.18). Sia α l'angolo formato tra tali rette e $A(t)$ e $B(t)$ le posizioni all' istante t di A e B. Sia p il piano mobile che contiene AB e π il piano fisso che contiene le rette r_1 ed r_2. Per il teorema di Chasles le normali a r_1 ed r_2 (che sono le traiettorie di A e B) in $A(t)$ e $B(t)$ rispettivamente s'incontrano nel centro di istantanea rotazione all' istante t, C_t.

Il triangolo $\Omega \overset{\Delta}{C_t} B(t)$ è retto in $B(t)$ per costruzione e quindi inscrittibile nella semicirconferenza di diametro ΩC_t; analogamente $\Omega \overset{\Delta}{C_t} A(t)$ è inscrittibile in una semicirconferenza dello stesso diametro ΩC_t. Per cui $\Omega \overset{\Delta}{C_t} A(t)$ appartiene alla circonferenza di diametro ΩC_t

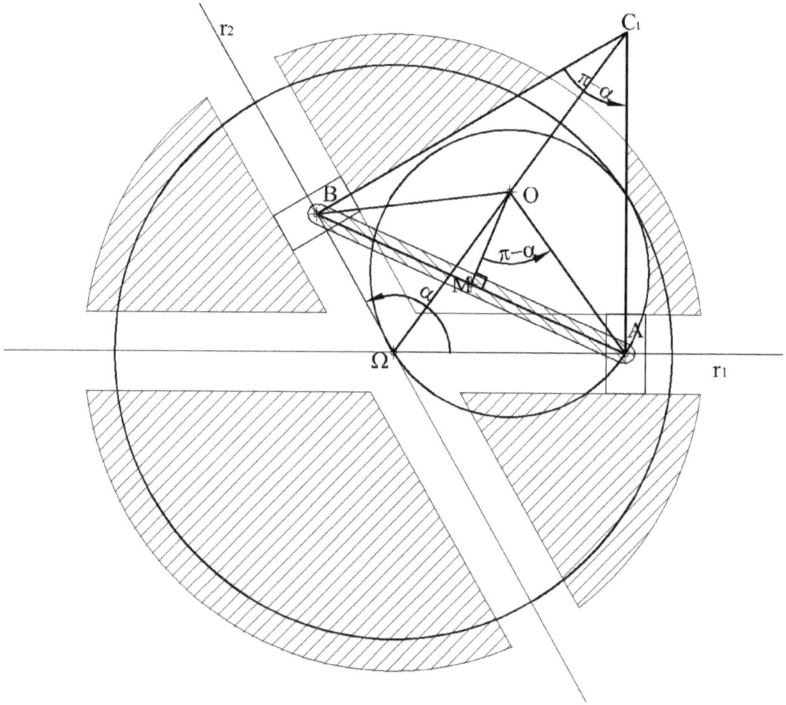

Fig. 2.19:Traiettorie polari del giunto di Oldham

e centro O (punto medio di ΩC_t). Ora è $A\hat{C}_t B = (\pi - \alpha)$ essendo la somma degli angoli interni di un quadrilatero, nella fattispecie $AC_tB\Omega$ pari a 2π.

Sia M il punto medio di AB e si consideri il triangolo $B\overset{\triangle}{O}A$ che è isoscele di base AB e nel quale OM è mediana. E' $B\hat{O}A = 2(\pi - \alpha)$ essendo l'angolo $B\hat{O}A$ angolo al centro del corrispondente angolo alla circonferenza $B\hat{C}_t A = (\pi - \alpha)$.

Ora $B\hat{O}M = \frac{1}{2} B\hat{O}A = (\pi - \alpha)$. Nel triangolo $A\overset{\triangle}{M}O$ è $|AM| = |AO| \cdot \sin(\pi - \alpha)$ e quindi $|AO| = \frac{|AM|}{\sin(\pi - \alpha)}$. Poiché AO è un raggio, è: $|OC_t| = |AO| = \frac{|AM|}{\sin\alpha} = \frac{|AB|}{2 \cdot \sin\alpha}$, che è una quantità indipendente dal tempo t essendo AB ed α tali. Ciò significa che comunque si muova AB la distanza $|OC_t|$ rimane costante e cioè C_t appartiene ad una circonferenza di centro O e raggio $|OC_t| = \frac{|AB|}{2 \cdot \sin\alpha}$. Pertanto tale circonferenza è la rulletta.

Osservando poi che $|\Omega C_t| = 2 \cdot |OC_t| = \frac{|AB|}{\sin\alpha}$, anch'essa quantità indipendente dal tempo t, si deduce che nel moto di AB, C_t si muove mantenendosi a distanza costante da un punto fisso Ω ovvero sulla circonferenza di centro Ω e raggio $|\Omega C_t| = \frac{|AB|}{\sin\alpha}$. Tal circonferenza è allora la base.

2.14.2.f **Caso particolare:** $\alpha = \frac{\pi}{2}$

In tal caso è $|OC_t| = \frac{|AB|}{2}$ e $|\Omega C_t| = |AB|$. Pertanto la base è la circonferenza di centro Ω e raggio pari ad $|AB|$ mentre la rulletta è la circonferenza di raggio $\frac{|AB|}{2}$ e centro O che a sua volta ruota sulla circonferenza di centro Ω e raggio $|\Omega O| = \frac{|AB|}{2}$.

Si dimostra inoltre che (Fig. 2.19) quando la rulletta rotola sulla base ogni punto P della rulletta ha per traiettoria un diametro della base mentre ogni punto del piano mobile che non appartiene alla rulletta si muove su un'ellisse. Inoltre se si prende in esame un punto P appartenente all'asta AB, per il quale si pone $|AP| = a$ e $|BP| = b$ si ha:

$x = a \cdot \cos\vartheta \quad y = b \cdot \sin\vartheta$

da cui

$\frac{x}{a} = \cos\vartheta \quad \frac{y}{b} = \sin\vartheta$.

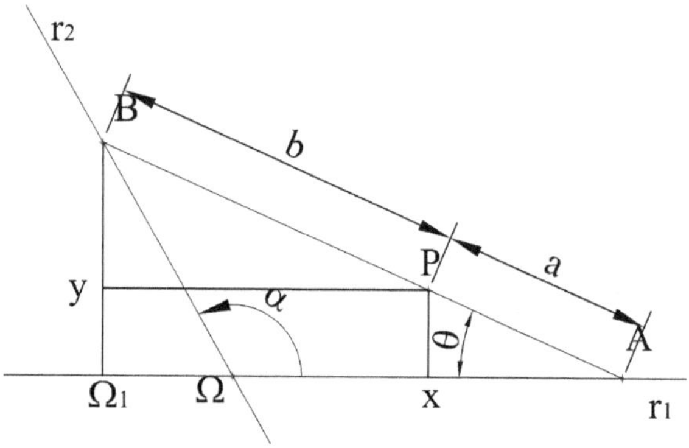

Fig. 2.20: Traiettoria di un punto P della rulletta

Quadrando e sommando queste ultime due si ha: $\left(\frac{x}{a}\right)^2 + \left(\frac{y}{b}\right)^2 = 1$

ovvero un punto P dell'asta si muove sull'ellisse di centro Ω_1 e semiassi a e b che sono le distanze dagli estremi dell'asta di P.

2.15 Profili coniugatiin un moto rigido piano

Siano p il piano mobile e π il piano fisso di un moto rigido piano $\mathcal{M}_{RP}$ nell' intervallo Δt. Sia, inoltre, C una curva del piano mobile p. Durante il moto di p su π la curva C assumerà la serie di posizioni $(C', C'', C''', \ldots)$ generando, appunto su π, una famiglia di curve (vedi Fig. 2.20).

Si supponga che questa famiglia di curve ammetta una curva inviluppo γ che, ovviamente, appartiene a π. La curva inviluppo γ la si dirà allora profilo coniugato di C nel moto rigido piano $\mathcal{M}_{RP}$. Si ricorda che per curva inviluppo di una famiglia di curve assegnata s'intende una curva che in ogni suo punto è a contatto con una delle curve della famiglia e nel punto di contatto ha la tangente in comune con quest'ultima. Si faccia ora il ragionamento all'inverso e cioè si consideri il piano p fisso ed il piano π mobile (si invertano cioè i ruoli dei due piani) e sia γ una curva appartenente a π.

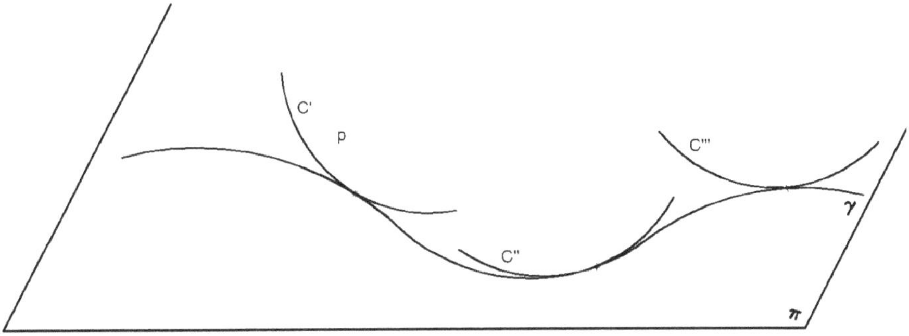

Fig. 2.21: Famiglia di curve

Nel moto di π rispetto a p, γ assumerà diverse posizioni su p. L'insieme di tali posizioni di γ su p costituisce una famiglia di curve che ammette una curva inviluppo che è proprio C. Insomma scambiando i ruoli dei due piani fisso e mobile se prima era γ profilo coniugato di C adesso è C profilo coniugato di γ. Ecco perché γ e C si dicono profili coniugati in un certo moto rigido piano. Poiché le curve C e γ sono tangenti in ogni posizione del moto rigido piano, il moto relativo è un rotolamento di una curva sull'altra. Tale rotolamento avviene, in generale, con strisciamento ovvero, in generale i profili coniugati rotolano l'uno sull'altro con strisciamento.

Condizione necessaria e sufficiente affinché il rotolamento di due profili coniugati in un certo moto rigido piano avvenga senza strisciamento, è che essi siano (coincidano) con le traiettorie polari di tale moto.

La condizione di sufficienza, cioè che se i profili coniugati coincidono con le traiettorie polari, il rotolamento avviene senza strisciamento, è banalmente dimostrata con il fatto che la proprietà delle traiettorie polari è quella di rotolare l'una sull'altra senza strisciare. Viceversa la necessarietà, e cioè che se due profili coniugati in un certo moto rigido piano rotolano l'uno sull'altro senza strisciare sono traiettorie polari sarà dimostrata se si verificherà che in ogni posizione del moto essi sono tangenti in un punto che ha velocità nulla e cioè che il punto di tangenza è il centro di istantanea rotazione del moto rigido piano in quella posizione.

Pertanto si indichi con P il punto appartenente a C che è di contatto con γ in una certa posizione ad esempio quella all'istante t. Per ipotesi allora la sua velocità di strisciamento $\mathbf{v}_s^{(P)}$ è nulla cioè

$$\mathbf{v}_s^{(P)} = \mathbf{0}\,. \tag{2.15.1}$$

Ora la velocità di un qualsiasi punto P' del piano mobile p nel moto rigido piano di p rispetto a π è

$$\mathbf{v}^{(P')} = \left(C_t - P'\right) \wedge \boldsymbol{\omega} \tag{2.15.2}$$

in cui C_t è il centro di istantanea rotazione all' istante t (punto proprio se l' atto di moto all' istante t è rotatorio, punto improprio se traslatorio).

La (2.15.2) scritta per il punto $P \in C$ è

$$\mathbf{v}^{(P)} = \mathbf{v}_s^{(P)} = \left(C_t - P\right) \wedge \boldsymbol{\omega} = \mathbf{0} \tag{2.15.3}$$

essendo valida la (2.15.1). L'ultima uguaglianza nella (2.15.3) si verifica soltanto se

$$\left(C_t - P\right) = \mathbf{0} \tag{2.15.4}$$

poiché $(C_t - P)$ ed ω sono ortogonali tra loro essendo il moto rigido piano ed essendo $\boldsymbol{\omega}(t) \neq \mathbf{0}$ nell' atto di moto rotatorio. Quest'ultima relazione implica $C_t = P$ ovvero che il centro di istantanea rotazione coincida con il punto di tangenza P.

La proprietà caratteristica di una coppia di profili coniugati in un certo moto rigido piano è che la normale (comune) ad essi nel punto di tangenza passa per il centro di istantanea rotazione.

La dimostrazione di quanto asserito è la seguente.

Sia P il punto di tangenza tra C e γ appartenente a C, per meglio dire P è il punto di C di contatto con γ. Si definisca con P_0 un punto, in generale non appartenente né a C né a γ, che si muova sul piano fisso π mantenendosi sempre sovrapposto alla posizione di contatto tra i profili. Esso quindi si muove sia sul piano p, perché di volta in volta il punto P di C che è di contatto con γ cambia, sia sul piano π perché anche il punto di γ di contatto con C cambia di volta in volta al variare della posizione. In altre parole P_0 rimane sempre sovrapposto ai punti rispettivamente di C e di γ a contatto in ogni istante e quindi si muove su tali curve durante il moto rigido piano. Si definiscono allora:

assoluto, il moto di P_0 rispetto a γ

relativo, il moto di P_0 rispetto a C

di trascinamento, il moto di C rispetto a γ (e cioè il moto di quel punto di C su cui si trova P_0 all'istante del contatto rispetto a π) e pertanto proprio il moto di strisciamento di C su γ.

Per il principio dei moti relativi è $\mathbf{v}_{P_0}^{(a)} = \mathbf{v}_{P_0}^{(r)} + \mathbf{v}_{P_0}^{(\tau)}$ e cioè:

$$\mathbf{v}_{P_0}^{(\tau)} = \mathbf{v}_{P_0}^{(a)} - \mathbf{v}_{P_0}^{(r)} \qquad (2.15.5)$$

Per definizione di velocità il vettore $\mathbf{v}_{P_0}^{(a)}$ è tangente a γ (traiettoria assoluta) nel punto di contatto di questa, mentre $\mathbf{v}_{P_0}^{(r)}$ è tangente a C (traiettoria relativa) nel punto di contatto di quest'ultima. Poiché C e γ hanno, nel punto di contatto su cui si trova P_0, tangente comune che si indica con il vettore $\mathbf{t}$, per la (2.15.5) $\mathbf{v}_{P_0}^{(\tau)}$ è parallela a $\mathbf{t}$. Si consideri adesso il punto P_O^m del piano mobile p cui all' istante t è sovrapposto P_0. Tale punto descrive una traiettoria (ovviamente nel piano fisso, appartenendo P_O^m al piano mobile) la cui tangente all' istante t è proprio $\mathbf{t}$. Alla traiettoria del punto P_O^m che appartiene al piano mobile (e non a quella di P_0 sul piano mobile !) può applicarsi il teorema di Chasles (vedi paragrafo 2.14.1) per cui la normale ad essa passa per il centro di istantanea rotazione. Poiché tale normale alla traiettoria di P_0 coincide con la normale ai profili nel punto di contatto, le normali ai profili nel punto di contatto passano per il centro di istantanea rotazione che è ciò che si voleva dimostrare.

2.16 Moto rigido sferico.

Sia S un sistema fissato in un suo punto O mediante una cerniera sferica (Fig. 2.21). Se S è rigido ogni punto P di S descriverà una traiettoria che è una curva della superficie sferica di centro O e raggio OP. Per tale motivo questo tipo di moto si dice rigido sferico.

Ovviamente è $\mathbf{v}_O = \mathbf{0} \quad \forall t$ e quindi l' invariante scalare cinematico è

$$I = \mathbf{v}_P \wedge \boldsymbol{\omega} = \mathbf{v}_O \wedge \boldsymbol{\omega} = 0 \tag{2.16.1}$$

Per la (2.8.8) l' atto di moto $\alpha(t) \ \forall t$ di un moto rigido sferico è o puramente traslatorio o puramente rotatorio. Se però fosse puramente traslatorio le velocità dei punti di S dovrebbero essere uguali tra loro e pertanto uguali alla velocità di O che è nulla, cioè $\mathbf{v}_P = \mathbf{v}_O = \mathbf{0} \quad \forall P \in S$.

Pertanto l' atto di moto in un moto rigido sferico è puramente rotatorio (n.b. il moto non è rotatorio in generale) intorno ad assi di istantanea rotazione $a(t)$ tutti passanti per il punto fisso O. La velocità di ogni punto P di S quando questo si muove di moto rigido

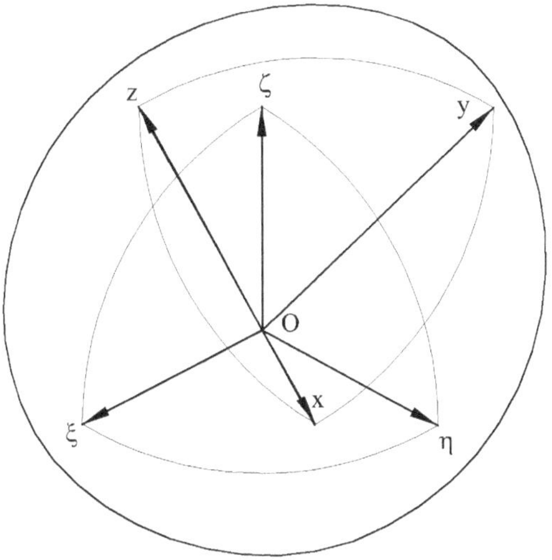

Fig. 2.22: Corpo rigido con punto fisso: moto rigido sferico

sferico, si esprime quindi nel modo seguente

$$\mathbf{v}_P = (O-P)\wedge\boldsymbol{\omega} \quad \mathbf{v}_O = \mathbf{0} \quad \boldsymbol{\omega}//a(t) \quad \forall P\in S \qquad (2.16.2)$$

2.16.1 Moto di precessione regolare

Un particolare moto rigido sferico di punto fisso O è il moto di precessione regolare, caratterizzato da un atto di moto composto da un atto di moto rotatorio intorno ad una retta dello spazio solidale r passante per O e da un atto di moto intorno ad una retta p dello spazio fisso anch'essa passante per O (Fig. 2.22).

Siano $\boldsymbol{\omega}_1 // r$ e $\boldsymbol{\omega}_2 // p$ due vettori e si considerino un moto rotatorio uniforme di S intorno ad r con velocità angolare (costante in modulo rispetto al tempo) $\boldsymbol{\omega}_1$. L' atto di moto è allora dato da $\alpha_1(t)=(\mathbf{O},\boldsymbol{\omega}_1)$.

Si consideri poi (Fig. 2.22) il moto rotatorio uniforme dell'angolo $p\hat{O}r$ intorno alla retta p, con velocità angolare (costante) $\boldsymbol{\omega}_2$. Tale atto di moto sarà $\alpha_2(t)=(\mathbf{O},\boldsymbol{\omega}_2)$.

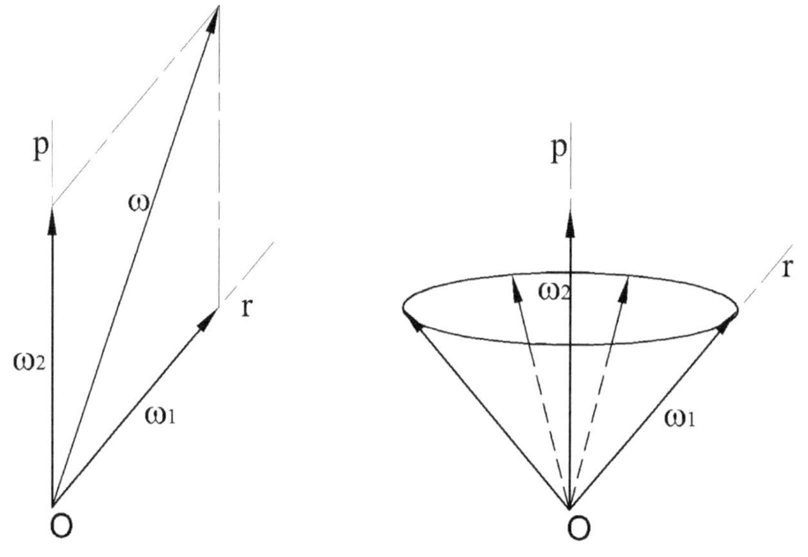

Fig. 2.23: Precessione regolare

Si dirà che il moto rigido sferico $\mathcal{M}_{pr}$ è una precessione regolare se l' atto di moto è composto da α_1 e α_2 così definiti.

Più precisamente si dirà che un moto rigido sferico è una precessione regolare quando il sistema con il punto fisso ruota intorno alla retta r uniformemente, mentre l'angolo $p\hat{O}r$ ruota uniformemente intorno a p.

La retta r si dice asse di figura mentre la retta p asse di precessione.

2.16.1.a **Proprietà caratteristica della precessione regolare**

Come detto precedentemente l' atto di moto α_{pr} della precessione regolare è composto come segue:

$$\alpha_{pr} \equiv \begin{cases} \alpha_1 \equiv (\mathbf{O}, \boldsymbol{\omega}_1) \\ \alpha_2 \equiv (\mathbf{O}, \boldsymbol{\omega}_2) \end{cases} \tag{2.16.3}$$

che sono atti di moto rotatori intorno a rette concorrenti in O. Nel paragrafo 2.12.1.a si è dimostrato che l' atto di moto composto da atti di moto rotatori intorno ad assi concorrenti in O è a sua volta rotatorio intorno ad una retta passante anch'essa per O e parallela al risultante di $\boldsymbol{\omega}_1$ e $\boldsymbol{\omega}_2$. Pertanto l' atto di moto composto è rotatorio intorno alla retta s sopra definita ed ha velocità angolare $\boldsymbol{\omega} = \boldsymbol{\omega}_1 + \boldsymbol{\omega}_2$. Ma, allora,

$$\forall P \in S \quad \mathbf{v}_P = (O - P) \wedge (\boldsymbol{\omega}_1 + \boldsymbol{\omega}_2) \tag{2.16.4}$$

e ciò dimostra che se $\mathscr{M}_{pr}$ è una precessione regolare il suo atto di moto è rotatorio con velocità angolare $\boldsymbol{\omega} = \boldsymbol{\omega}_1 + \boldsymbol{\omega}_2$ cioè data dalla somma di due vettori: uno, $\boldsymbol{\omega}_1$, costante nello spazio solidale; l'altro, $\boldsymbol{\omega}_2$, costante nello spazio fisso.

2.17 MOTI RIGIDI GENERALI

Si consideri un generico moto rigido M_r.

Negli intervalli di tempo in cui in ogni istante l' atto di moto è traslatorio, l'andamento geometrico del moto è caratterizzato dalla traiettoria di uno qualsiasi dei suoi punti essendo le traiettorie di tutti gli altri parallele a questa.

Negli intervalli di tempo in cui l' atto di moto non è mai in ogni istante traslatorio esisterà, in ogni istante di tali intervalli, un asse del moto a_t (che è l'asse del moto elicoidale tangente all' istante t a M_r) che è il luogo dei punti dello spazio solidale che hanno (in tale istante) velocità nulla o parallela a $\boldsymbol{\omega}(t)$ (vedi Fig. 2.24).

La retta r (che non appartiene né allo spazio fisso né a quello solidale) che si mantiene sempre sovrapposta ad a_t, descriverà, rispettivamente nello spazio fisso ed in quello solidale, due superfici rigate Γ ed H. Tali rigate hanno in comune in ogni istante t, a_t. Si dimostra allora che, durante il moto, la rigata solidale ad H rotola sulla rigata fissa Γ, strisciando lungo la generatrice comune. Infatti basta tracciare su Γ una curva γ che tagli le generatrici in un solo punto; si indica con M un punto (non appartenente né allo spazio fisso né a quello solidale) che si mantenga sempre sovrapposto all'intersezione di γ con a_t (che in ogni istante per definizione è una generatrice di Γ). Se si assume come:

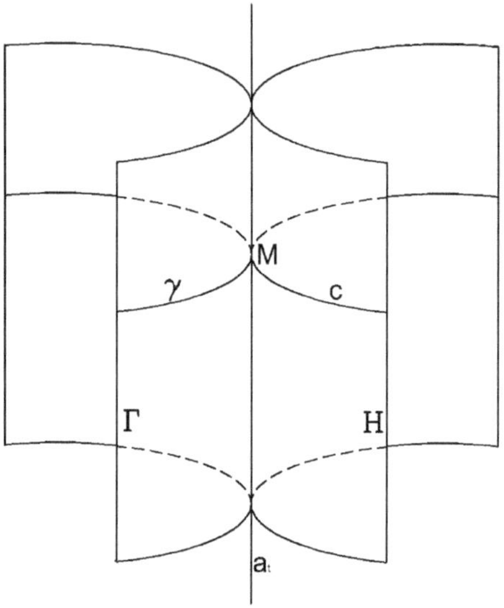

Fig. 2.24: Rigate rotolanti

assoluta $\mathbf{v}_a^{(M)}$ la velocità di M rispetto allo spazio fisso;

relativa $\mathbf{v}_r^{(M)}$ la velocità di M rispetto allo spazio solidale

allora la velocità di trascinamento $\mathbf{v}_\tau^{(M)}$ di M coincide con la velocità $\boldsymbol{\tau}$ dei punti dell'asse di moto a_t (parallela a tale asse). Per il principio dei moti relativi è

$$\mathbf{v}_a = \mathbf{v}_r + \boldsymbol{\tau} \tag{2.17.1}$$

e pertanto $\mathbf{v}_a, \mathbf{v}_r$ e $\boldsymbol{\tau}$ sono complanari e, poiché $\mathbf{v}_a$ è tangente a γ (essendo γ la traiettoria di M nello spazio fisso), $\mathbf{v}_r$ è tangente a C (essendo C la traiettoria di M nello spazio mobile), e $\boldsymbol{\tau}$ la direzione di a_t, il piano formato dalla tangente a γ in M e a_t coincide con quello formato dalla tangente a C in M e a_t e quindi Γ ed H hanno lo stesso piano tangente lungo la generatrice comune. Poiché la velocità di trascinamento $\boldsymbol{\tau}$ ha la direzione di a_t il rotolamento di Γ su H è accompagnato da strisciamento lungo la generatrice comune a_t.

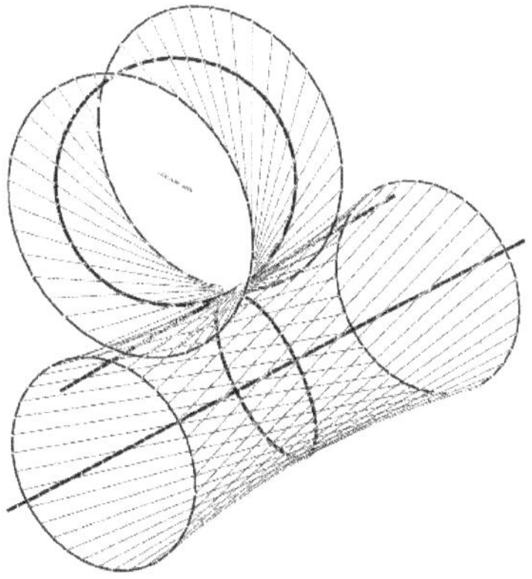

Fig. 2.25: Rigate rotolanti: iperboloidi nel caso di atto di moto relativo ottenuto da atti di moto assoluti rotatori intorno ad assi sghembi

3 BARICENTRO DI UN SISTEMA DI PUNTI MATERIALI.

Sia assegnato un sistema di punti materiali $\Sigma = \{(P_s, m_s)\}_{s=1..N}$ e sia Σ_A la sua posizione nello spazio fisico, in cui è fissato un riferimento con origine O, definita dai vettori posizione $(P_{As} - O)$ $s = 1..N$ dei suoi punti P_s (P_{As} è il punto posizione di P_s).

$$\Pi_A = \{(P_{As} - O)\}_{s=1..N} \qquad (3.1.1)$$

Si definisce momento statico del punto materiale (P_s, m_s) (nella posizione $(P_{As} - O)$) rispetto al punto O il vettore

$$\mathbf{z}_{Os} = m_s (P_{As} - O) \qquad (3.1.2)$$

Si definisce momento statico del sistema di punti materiali $\Sigma = \{(P_s, m_s)\}_{s=1..N}$ (nella posizione Π_A) rispetto al punto O il vettore risultante dei momenti statici dei punti del sistema rispetto ad O:

$$\mathbf{z}_O = \sum_{s=1}^{N} \mathbf{z}_{Os} = m_1 (P_{A1} - O) + m_2 (P_{A2} - O) + \ldots + m_N (P_{AN} - O).$$

Pertanto è:

$$\mathbf{z}_O = \sum_{s=1}^{N} m_s (P_{As} - O) \qquad (3.1.3)$$

Detta

$$m = \sum_{s=1}^{N} m_s \qquad (3.1.4)$$

la massa totale del sistema Σ, si definisce baricentro del sistema Σ il punto posizione G dello spazio tale che:

$$(G-O)=\frac{\mathbf{z}_O}{m}=\frac{\sum_{s=1}^{N} m_s\left(P_{As}-O\right)}{m} \qquad (3.1.5)$$

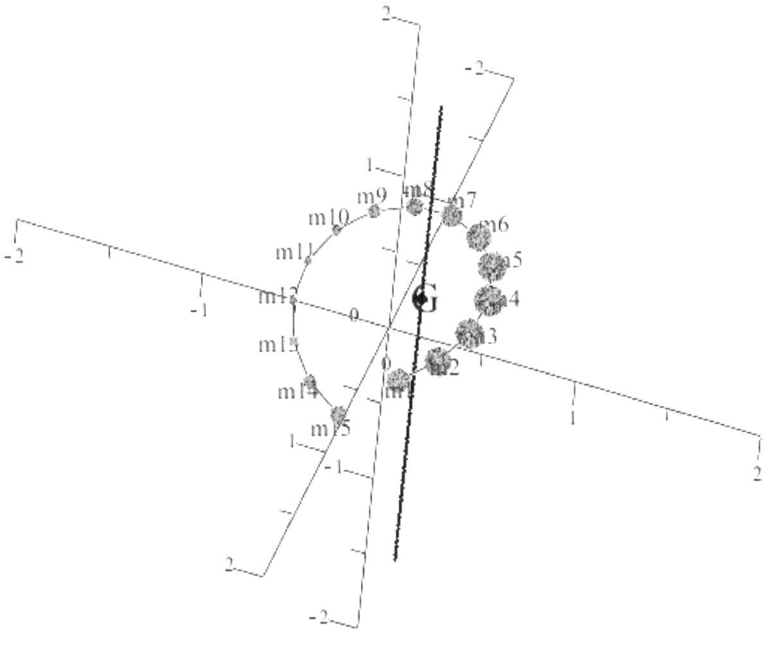

Fig. 3.1: Baricentro di un sistema di punti materiali

La seconda uguaglianza nella (3.1.5) evidenzia l' interpretazione della definizione del baricentro del sistema Σ come la posizione di un punto ottenuta come media pesata, secondo le relative masse m_s, delle posizioni dei punti del sistema.

Dalle (3.1.3) e (3.1.5) si ricava

$$\sum_{s=1}^{N} m_s\left(P_{As}-O\right)=\mathbf{z}_O=m(G-O) \qquad (3.1.6)$$

che si presta ad una interpretazione alternativa della definizione di baricentro del sistema Σ come la posizione del sistema $\Sigma'=\{(G,m)\}$ e cioè di quel sistema costituito da un unico punto materiale (G,m) di massa pari a quella totale di Σ che ne abbia lo stesso momento statico.

Disposta in O una terna di riferimento di assi x,y,z con $\mathbf{i},\mathbf{j},\mathbf{k}$ versori degli assi, dette x_{As},y_{As},z_{As} le coordinate cartesiane di P_{As}, posizione del generico punto P_s e x_G,y_G,z_G quelle di G, la posizione di Σ è data da

$$(P_{As}-O)=x_{As}\mathbf{i}+y_{As}\mathbf{j}+z_{As}\mathbf{k} \qquad \forall s=1\ldots N \tag{3.1.7}$$

mentre quella di G da

$$(G-O)=x_G\mathbf{i}+y_G\mathbf{j}+z_G\mathbf{k} \tag{3.1.8}$$

Sostituendo le (3.1.7) e (3.1.8) nella (3.1.5) e proiettando quest'ultima sugli assi, si ottengono le seguenti relazioni scalari che definiscono le coordinate cartesiane del baricentro G del sistema Σ

$$x_G=\frac{\sum_{s=1}^{N} m_s\cdot x_{As}}{m},\quad y_G=\frac{\sum_{s=1}^{N} m_s\cdot y_{As}}{m},\quad z_G=\frac{\sum_{s=1}^{N} m_s\cdot z_{As}}{m} \tag{3.1.9}$$

Esse sono quindi rispettivamente la media pesata, secondo le masse $m=\sum_{s=1}^{N} m_s$, delle coordinate omologhe dei punti del sistema rispetto agli assi x,y,z.

A volte la definizione di baricentro di un sistema Σ è data direttamente con la forma scalare (3.1.9) che ne definisce le coordinate cartesiane.

Si osservi che le quantità (scalari) al numeratore e cioè

$$z_x=\sum_{s=1}^{N} m_s\cdot x_{As},\quad z_y=\sum_{s=1}^{N} m_s\cdot y_{As},\quad z_z=\sum_{s=1}^{N} m_s\cdot z_{As} \tag{3.1.10}$$

(componenti di $\mathbf{z}_O$ sugli assi x,y,z) sono i cosiddetti momenti statici del sistema Σ rispettivamente rispetto agli assi x,y,z.

Ripercorrendo quanto detto a valle della formula (3.1.6), anche dal punto di vista scalare può darsi una interpretazione alternativa della definizione di coordinate cartesiane del baricentro del sistema Σ.

Infatti sostituendo le (3.1.10) nelle (3.1.9) e moltiplicando primo e secondo membro per m si ha:

$$m \cdot x_G = \sum_{s=1}^{N} m_s \cdot x_s, \quad m \cdot y_G = \sum_{s=1}^{N} m_s \cdot y_s, \quad m \cdot z_G = \sum_{s=1}^{N} m_s \cdot z_s \qquad (3.1.11)$$

e quindi le coordinate del baricentro G di un sistema di punti materiali Σ sono quelle del sistema $\Sigma' = \{(G, m)\}$ cioè fatto di un solo punto materiale di massa pari a quella totale di Σ ed avente gli stessi momenti statici rispetto agli assi x, y, z di Σ.

3.1 SULLA DEFINIZIONE DI BARICENTRO COME CENTRO DI UN SISTEMA DI VETTORI PARALLELI

Sia assegnato il sistema $\Sigma_v = \{(P_s, \mathbf{u}_s)\}_{s=1..N}$ di vettori applicati. Si rammenta che:

$\mathbf{R} = \sum_{s=1}^{N} \mathbf{u}_s$ è il risultante di Σ

$\mathbf{M}_A = \sum_{s=1}^{N} (P_s - A) \wedge \mathbf{u}_s$ ne è il momento risultante rispetto ad un polo A,

la quantità scalare

$$I = \mathbf{R} \cdot \mathbf{M}_A \qquad (3.1.12)$$

è invariante con A e pertanto si chiama invariante scalare del sistema Σ;

se $\mathbf{R} \neq \mathbf{0}$ esiste un luogo di punti dello spazio che appartiene ad una retta r rispetto ai quali il momento risultante del sistema è nullo o parallelo al risultante e cioè

$$\exists r : \forall \Omega \in r \quad \mathbf{M}_\Omega = \lambda \mathbf{R} \quad \forall \lambda \in \left]-\infty, +\infty\right[\qquad (3.1.13)$$

Tale retta r si dice allora asse centrale del sistema Σ ed ha la seguente equazione:

$$\Omega = H + \mu \mathbf{R} \quad \forall \mu \in \left]-\infty, +\infty\right[\quad \text{con}$$
$$H = O + \frac{\mathbf{R} \wedge \mathbf{M}_\Omega}{R^2} \tag{3.1.14}$$

e pertanto è una retta a sua volta parallela ad $\mathbf{R}$ e passante per il punto H.

Se Σ_v è un sistema di vettori applicati paralleli, detto $\mathbf{e}$ il versore della direzione comune dei vettori, è $\mathbf{u}_s = m_s \mathbf{e}$ con m_s modulo del generico vettore $\mathbf{u}_s$. Si ha allora:

$$\Sigma_v = \left\{ \left(P_s, m_s \mathbf{e} \right) \right\}_{s=1..N} \tag{3.1.15}$$

Il risultante sarà:

$$\mathbf{R} = \sum_{s=1}^{N} m_s \mathbf{e} = m\mathbf{e} \tag{3.1.16}$$

con $m = \sum_{s=1}^{N} m_s$ e cioè il modulo del risultante è la somma algebrica dei moduli dei singoli vettori, e il momento risultante rispetto ad un polo A

$$\mathbf{M}_A = \sum_{s=1}^{N} \left(P_s - A \right) \wedge m_s \mathbf{e} = \sum_{s=1}^{N} m_s \left(P_s - A \right) \wedge \mathbf{e} = \mathbf{z}_A \wedge \mathbf{e} \tag{3.1.17}$$

avendo posto

$$\mathbf{z}_A = \sum_{s=1}^{N} m_s \left(P_s - A \right). \tag{3.1.18}$$

L'invariante scalare è nullo essendo per la (3.1.17) $\mathbf{M}_A$ sempre ortogonale ad $\mathbf{e}$ e quindi a $\mathbf{R}$ ($I = \mathbf{R} \cdot \mathbf{M}_A = m\mathbf{e} \cdot \mathbf{z}_A \wedge \mathbf{e} = 0$).

L'asse centrale (vedi eq. (3.1.14)) sarà sempre parallelo ad $\mathbf{R}$ e quindi avente la direzione $\mathbf{e}$ dei vettori e passerà per il punto H la cui espressione, si particolarizza in:

$$\begin{aligned} H &= O + \frac{\mathbf{R} \wedge \mathbf{M}_O}{R^2} = O + \frac{m\mathbf{e} \wedge (\mathbf{z}_O \wedge \mathbf{e})}{m^2} = \\ &= O + \frac{1}{m^2} m \cdot \left[(\mathbf{e} \cdot \mathbf{e}) \mathbf{z}_O - (\mathbf{e} \cdot \mathbf{z}_O) \mathbf{e} \right] = \\ &= O + \frac{1}{m} \left[\mathbf{z}_O - (\mathbf{e} \cdot \mathbf{z}_O) \mathbf{e} \right] \end{aligned} \tag{3.1.19}$$

con $\mathbf{z}_O$ dato dalla (3.1.18) per $A \equiv O$.

Pertanto la sua equazione si particolarizzerà in

$$\Omega = O + \frac{1}{m} \left[\mathbf{z}_O - (\mathbf{e} \cdot \mathbf{z}_O) \mathbf{e} \right] + \mu \cdot m\mathbf{e} \quad \forall \mu \in \left]-\infty, +\infty\right[\tag{3.1.20}$$

e quindi al variare di μ nell'intervallo $\left]-\infty, +\infty\right[$ si hanno i punti Ω dell'asse centrale. Di tutti questi punti si chiamerà centro del sistema di vettori paralleli, e lo si indicherà con C, quello (unico) indipendente dalla direzione $\mathbf{e}$ dei vettori e cioè corrispondente al valore di μ per il quale nella (3.1.20) è

$$\begin{aligned} &\frac{1}{m} \left[-(\mathbf{e} \cdot \mathbf{z}_O) \mathbf{e} \right] + \mu \cdot m\mathbf{e} = 0 \Rightarrow \mu = \frac{1}{m^2} (\mathbf{e} \cdot \mathbf{z}_O) = \\ &= \frac{1}{m^2} \sum_{s=1}^{N} m_s (P_s - O) \cdot \mathbf{e} \end{aligned} \tag{3.1.21}$$

Sostituendo il valore di α dato dalla (3.1.21) nella (3.1.20), tale punto sarà definito dall'equazione

$$C - O = \frac{\mathbf{z}_O}{m} = \frac{1}{m} \sum_{s=1}^{N} m_s (P_s - O) \tag{3.1.22}$$

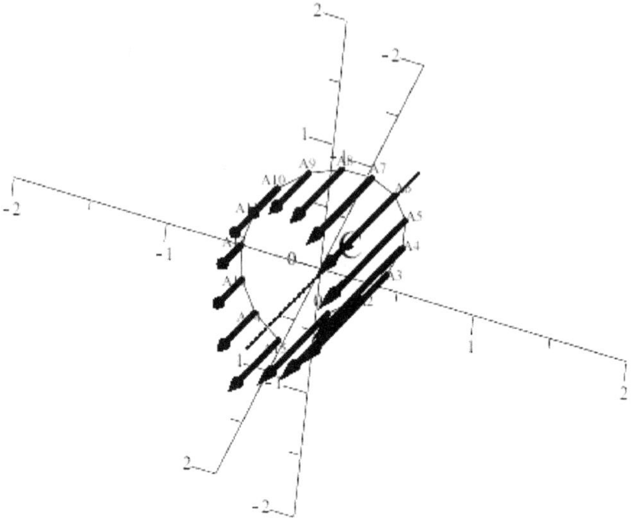

Fig. 3.2: Asse centrale e centro di un sistema di vettori paralleli

Allora, se è assegnato un sistema di punti materiali $\Sigma = \{(P_s, m_s)\}_{s=1..N}$, la cui posizione nello spazio fisico è definita dai vettori posizione $(P_s - O)$ $s = 1..N$ dei suoi punti P_s (si è qui indicata la posizione del generico punto P_s, finora indicata con P_{As}, con P_s stesso) ad esso può farsi corrispondere il sistema di vettori paralleli (3.1.15) caratterizzato dal fatto che i moduli m_s dei vettori sono proprio i valori delle masse del sistema di punti materiali Σ: confrontando la (3.1.22) con la (3.1.5), se ne deduce che il baricentro G del sistema di punti materiali Σ è il centro di un sistema di vettori paralleli Σ_v (3.1.15) applicati nelle posizioni occupate dai punti di Σ, aventi direzione $\mathbf{e}$ comune qualsiasi e moduli pari ai valori m_s delle masse del sistema Σ.

Proiettando la (3.1.22) sugli assi della terna cartesiana $Oxyz$, in cui si indicano con x_C, y_C, z_C le coordinate di C e con x_S, y_S, z_S quelle del generico P_s, si hanno le seguenti relazioni scalari che definiscono le coordinate del centro C

$$x_C = \frac{1}{m}\sum_{s=1}^{N} m_s \cdot x_s, \quad y_C = \frac{1}{m}\sum_{s=1}^{N} m_s \cdot y_s, \quad z_C = \frac{1}{m}\sum_{s=1}^{N} m_s \cdot z_s \qquad (3.1.23)$$

3.1.1 PROPRIETÀ DEL CENTRO DI UN SISTEMA DI VETTORI PARALLELI

Si fa riferimento al sistema di vettori paralleli Σ_v definito dalla (3.1.15). Le seguenti proprietà del centro di un sistema di vettori paralleli possono immediatamente estendersi al baricentro G di un sistema di punti materiali $\Sigma = \{(P_s, m_s)\}_{s=1..N}$ se a questo si associa il sistema di vettori paralleli (3.1.24) i cui moduli cioè valgono proprio i valori delle masse $(P_2 - C)$.

3.1.1.a **Proprietà di scala del centro**

Si consideri il sistema $\Sigma_v^{'}$ ottenuto a partire da Σ_v: moltiplicando il modulo di ogni vettore per uno stesso scalare ν il centro C non cambia. Infatti per $\Sigma'_v = \{(P_s, \nu \cdot m_s \mathbf{e})\}_{s=1..N}$ si ha $m' = \sum_{s=1}^{N} \nu \cdot m_s = \nu \cdot m$ mentre, dalla (3.1.22) è

$$C' - O = \frac{\mathbf{z'}_O}{m'} = \frac{1}{\nu \cdot m}\sum_{s=1}^{N} \nu \cdot m_s (P_s - O) = C - O$$

3.1.1.b **Proprietà del centro di un sistema di vettori paralleli applicati in un piano**

Se i punti di applicazione dei vettori di Σ_v appartengono ad un piano, anche C appartiene ad esso. Infatti, ad esempio, se i punti P_s $\forall s = 1 \ldots n$ di (3.1.24) appartengono a π_{xy}, è z_s=0 $\forall s = 1 \ldots n$ e pertanto l'ultima delle (3.1.23) diventa $z_C = 0$.

3.1.1.c **Proprietà del centro di un sistema di vettori paralleli applicati su una retta**

Procedendo come nel paragrafo 3.1.1.b, se i punti di applicazione dei vettori di Σ_v appartengono ad una retta, anche C appartiene ad essa. Infatti, ad esempio, se i punti P_s $\forall s=1\ldots n$ di (3.1.24) appartengono all'asse z, è x_s=0, y_s=0 $\forall s=1\ldots n$ e pertanto nelle (3.1.23) è $x_C=0,\ y_C=0$.

3.1.1.d **Proprietà distributiva del centro**

Si consideri il sistema $\Sigma_v^{'}$ che sia una parte di Σ_v, per esempio quella costituita dai primi N' vettori di Σ_v

$$\Sigma_v^{'}=\left\{\left(P_s,m_s\mathbf{e}\right)\right\}_{s=1..N'} \tag{3.1.24}$$

Detto $\mathbf{R}'=\sum_{s=1}^{N'}m_s\mathbf{e}=m'\mathbf{e}$ il risultante di $\Sigma_v^{'}$, particolarizzando la (3.1.22) per i primi N' vettori, il centro C' di $\Sigma_v^{'}$ è dato, da

$$C'=O+\frac{\mathbf{z}'_O}{m'}=O+\frac{1}{m'}\sum_{s=1}^{N'}m_s\left(P_s-O\right) \tag{3.1.25}$$

Allora l'espressione del centro C di Σ_v, sempre dalla (3.1.22) e tenendo conto della (3.1.25), può essere messa nella forma

$$\begin{aligned}C-O&=\frac{1}{m}\sum_{s=1}^{N}m_s\left(P_s-O\right)=\frac{1}{m}\sum_{s=1}^{N'}m_s\left(P_s-O\right)+\frac{1}{m}\sum_{s=N'+1}^{N}m_s\left(P_s-O\right)=\\&=\frac{m'}{m}\frac{1}{m'}\sum_{s=1}^{N'}m_s\left(P_s-O\right)+\frac{1}{m}\sum_{s=N'+1}^{N}m_s\left(P_s-O\right)=\\&=\frac{m'}{m}\left(C'-O\right)+\frac{1}{m}\sum_{s=N'+1}^{N}m_s\left(P_s-O\right)\end{aligned}$$

da cui, moltiplicando per m

$$m\left(C-O\right)=m'\left(C'-O\right)+\sum_{s=N'+1}^{N}m_s\left(P_s-O\right) \tag{3.1.26}$$

La (3.1.26) evidenzia che il centro C del sistema Σ_v coincide con quello del sistema di punti materiali

$$\Sigma_v^* = \{(C', m'\mathbf{e}), (P_{N'+1}, m_{N'+1}\mathbf{e}), \ldots, (P_N, m_N\mathbf{e}),\}_{s=1..N'} \qquad (3.1.27)$$

e cioè ottenuto da Σ_v sostituendo ai primi N' vettori il loro risultante applicato nel loro centro C'.

Siano α ed r un piano ed una retta non paralleli tra loro. Si dirà che α è per Σ un piano diametrale coniugato alla direzione di r se i vettori di Σ non applicati a punti di α si possono raggruppare a due a due in modo che i due vettori di uno stesso gruppo siano uguali tra di loro e siano applicati in punti equidistanti da α e appartenenti a una retta parallela ad r. Il piano diametrale α coniugato alla direzione di r si dice piano di simmetria se è ortogonale ad r.

Si vede subito che se α è un piano diametrale per Σ il centro di Σ appartiene ad α.

Infatti se si assume come piano α diametrale il piano π_{xy}, per i punti $P_s \in \alpha$ è $m_s z_s = 0$ mentre per i rimanenti, proprio perché α è diametrale, tali prodotti si annullano a coppie per cui sarà $\sum_{s=1}^{N} m_s z_s = 0$ e quindi per la terza delle (3.1.23) è $z_C = 0$.

3.1.1.e **Centro di un sistema di due vettori paralleli**

Sia Σ_v un sistema di due vettori applicati paralleli, cioè $\Sigma_v \equiv \{(P_1, \mathbf{u}_1), (P_2, \mathbf{u}_2)\} \equiv \{(P_1, m_1\mathbf{e}), (P_2, m_2\mathbf{e})\}$. Per la (3.1.22), moltiplicata per m si ha:

$$m(C-O) = m_1(P_1 - O) + m_2(P_2 - O) \quad \forall O \qquad (3.1.28)$$

Allora scegliendo $O \equiv C$ dalla (3.1.28) si ha: $m_1(P_1 - C) + m_2(P_2 - C) = \mathbf{0}$ da cui

$$(P_1 - C) = -\frac{m_2}{m_1}(P_2 - C) \qquad (3.1.29)$$

Si osservi che il rapporto $\frac{m_2}{m_1} > 0$ se $\mathbf{u}_1$ ed $\mathbf{u}_2$ sono concordi mentre sarà $\frac{m_2}{m_1} < 0$ se $\mathbf{u}_1$ ed $\mathbf{u}_2$ sono discordi. Allora dalla (3.1.29) si ricava che se $\mathbf{u}_1$ ed $\mathbf{u}_2$ sono concordi $(P_1 - C)$ e $(P_2 - C)$ hanno versi opposti e dunque C è interno al segmento $\overline{P_1P_2}$. In ogni caso, sempre dalla (3.1.29) si ricava che $\frac{|CP_1|}{|CP_2|} = \frac{|u_2|}{|u_1|}$.

Riepilogando si può dire che il centro di un sistema di due vettori paralleli $\Sigma_v = \{(P_1, \mathbf{u}_1), (P_2, \mathbf{u}_2)\}$ è interno al segmento $\overline{P_1P_2}$ se i due vettori sono concordi, esterno al segmento $\overline{P_1P_2}$ se i due vettori sono discordi; le distanze di esso dai punti di applicazione dei due vettori sono inversamente proporzionali ai moduli dei due vettori: esso è cioè più vicino a quello dei due vettori che ha modulo maggiore.

3.1.1.f **Una proprietà del centro dei sistemi di vettori paralleli e concordi**

Si rammenta che un dominio (dello spazio, del piano o della retta) si dice convesso se contiene interamente ogni segmento che ha per estremi due qualsiasi suoi punti. Ciò premesso si dimostra che il centro di un sistema di N vettori applicati paralleli (3.1.15) e concordi, e cioè $\frac{m_i}{m_j} > 0 \quad \forall i, j = 1, \dots, N$, appartiene ad ogni dominio convesso contenente tutti i punti di applicazione dei vettori.

Sia S un dominio convesso contenente i punti $P_s \quad \forall s = 1, \dots, N$ e quindi anche tutti i segmenti $\overline{P_iP_j} \quad \forall i, j = 1, \dots, N$ con $i \neq j$. Si consideri il sistema $\Sigma_v^{(1)} \equiv \left\{ \left(C^{(1)}, \mathbf{u}_1 + \mathbf{u}_2\right), \{(P_s, \mathbf{u}_s)\}_{s=1\dots N} \right\}$ ottenuto cioè da Σ_v sostituendo i primi 2 vettori con il loro risultante applicato nel corrispondente centro $C^{(1)}$. Il sistema $\Sigma_v^{(1)}$ così definito ha lo stesso centro di Σ_v per quanto detto al paragrafo 3.1.1.d e, appartenendo $C^{(1)}$ al segmento $\overline{P_1P_2}$, anche i punti di applicazione dei vettori di $\Sigma_v^{(1)}$ sono tutti contenuti in S. Iterando questo procedimento, considerando il sistema $\Sigma_v^{(2)} \equiv \left\{ \left(C^{(2)}, \mathbf{u}_1 + \mathbf{u}_2 + \mathbf{u}_3 \right), \left\{ \left(P_s, \mathbf{u}_s \right) \right\}_{s=1\ldots N} \right\}$ ottenuto sostituendo ai primi due vettori $\left(C^{(1)}, \mathbf{u}_1 + \mathbf{u}_2 \right), \left(P_3, \mathbf{u}_3 \right)$ il loro risultante $\left(\mathbf{u}_1 + \mathbf{u}_2 + \mathbf{u}_3 \right)$ nel relativo centro $C^{(2)}$,si perverrà alla fine ad un sistema $\Sigma_v^{(N-2)}$ costituito da soli 2 vettori paralleli, concordi e applicati in due punti di Σ_v. Il centro di Σ_v, che coincide con quello di $\Sigma_v^{(N-2)}$, sarà pertanto interno ad Σ_v.

3.2 SISTEMA MATERIALE CONTINUO

Si definisce sistema continuo tridimensionale, e lo si indica con (V, ρ), l'insieme costituito dal dominio $V \in S_3$ misurabile e dalla funzione scalare $\rho = \rho(P)$ definita in ogni punto P di V continua e non negativa, chiamata densità di volume. Il dominio V può ridursi in particolare ad una superficie regolare σ o ad una curva regolare γ e corrispondentemente il sistema (σ, ρ), (γ, ρ) si dirà sistema continuo bidimensionale o monodimensionale e la funzione $\rho = \rho(P)$ densità superficiale o lineare.

3.2.1 Massa di un sistema continuo

In generale si dice massa del sistema continuo (V, ρ) il numero positivo

$$m = \int_V \rho(P)\, dV \tag{3.2.1}$$

Nella (3.2.1) l'integrale è, ovviamente, in generale un integrale triplo.

Sia P un punto di V e ΔV una porzione di V contenente P. Per la (3.2.1) la massa del sistema $(\Delta V, \rho)$ è $\Delta m = \int_{\Delta V} \rho(P)\, dV$. Se si indica con lo stesso simbolo ΔV anche il volume della porzione ΔV di V, eessendo la funzione ρ continua in ΔV per il teorema della media esisterà un punto $Q \in \Delta V$ per il quale si avrà

$$\Delta m = \rho(Q) \cdot \Delta V \tag{3.2.2}$$

Se si fa tendere ΔV a P, per la continuità di ρ si avrà

$$\rho(P) = \lim_{\Delta V \to P} \frac{\Delta m}{\Delta V} \tag{3.2.3}$$

In altri termini, il prodotto $\rho(P)\Delta V$ fornisce, a meno di infinitesimi di ordine superiore rispetto a ΔV, la massa Δm di ΔV. Questo di solito si esprime dicendo che la quantità

$$dm = \rho(P)\,dV \tag{3.2.4}$$

chiamata anche massa elementare, rappresenta la massa dell'elemento di volume che contiene il punto P.

Se ρ è costante in V (cioè $grad(\rho(P)) = 0 \quad \forall P \in V$) il sistema continuo (V, ρ) si dice omogeneo e la (3.2.1) si riduce a

$$m = \rho \cdot V \tag{3.2.5}$$

Per motivi di chiarezza la definizione di sistema continuo è stata subordinata alla continuità della funzione $\rho = \rho(P) \quad \forall P \in V$. Più in generale invece, si può supporre che sia possibile decomporre il V in un numero finito N di parti $V_1, V_2, \ldots, V_N$ a due a due prive di punti interni comuni e tali che in ognuna di esse ρ risulti continua e non negativa. In questo caso la massa del sistema continuo (V, ρ) è definita ponendo

$$m = \sum_{s=1}^{N} \int_{Vs} \rho(P)\,dV \tag{3.2.6}$$

3.2.2 Baricentro di un sistema continuo

Assegnato il sistema continuo (V,ρ), si divida V in un numero finito N di parti $V_1, V_2, \ldots, V_N$ a due a due prive di punti interni comuni e si indichi con P_i un punto qualsiasi appartenente a V_s, con m_s la massa del generico sistema materiale continuo (V_i,ρ), con $\overline{\rho}$ l'estremo superiore di ρ in V e con δ il più grande dei diametri di $V_1, V_2, \ldots, V_N$. Si ponga

$$G-O=\frac{1}{m}\int_V \rho(P)\cdot(P-O)\,dV \tag{3.2.7}$$

e si indichi con G_δ il baricentro del sistema $\Sigma_\delta \equiv \{(P_s, m_s)\}_{s=1\ldots N}$ cioè il punto G_δ tale che

$$G_\delta - O=\frac{1}{m}\cdot\sum_{s=1}^{N} m_s\left(P_s-O\right)\cdot\int_{Vs}\rho\cdot dV \tag{3.2.8}$$

Si può agevolmente dimostrare che fissato comunque un numero $\varepsilon > 0$ ad esso corrisponde un δ_ε tale che per

$$\delta < \delta_\varepsilon \tag{3.2.9}$$

risulti

$$|GG_\delta| < \varepsilon\,. \tag{3.2.10}$$

Infatti dalle (3.2.7) e (3.2.8) si ricava

$$\begin{aligned} G-G_\delta &= \frac{1}{m}\left(\int_V \rho(P)\cdot(P-O)\,dV-\sum_{s=1}^{N} m_s\left(P_s-O\right)\cdot\int_{Vs}\rho\cdot dV\right)= \\ &=\frac{1}{m}\sum_{s=1}^{N}\int_V \rho(P)\cdot\left(P-P_s\right)dV \end{aligned} \tag{3.2.11}$$

e quindi

$$|GG_\delta| \le \frac{1}{m}\sum_{s=1}^{N} \overline{\rho}\delta \cdot mis(V_s) \le \frac{\overline{\rho}V}{m}\delta \qquad (3.2.12)$$

Si vede allora da quest'ultima disuguaglianza che per $\delta_\varepsilon = \frac{1}{\frac{\overline{\rho}V}{m}}\varepsilon = \frac{m}{\overline{\rho}V}\varepsilon$, che verifica la (3.2.9), la (3.2.12) da proprio luogo alla (3.2.10).

In altri termini, se si divide V in parti e si concentra in un punto qualsiasi di ciascuna parte la corrispondente massa, si ottiene un sistema di punti materiali Σ_δ il cui baricentro G_δ, per $\delta \to 0$, tende a G definito dalla (3.2.7). Tale punto lo si dice baricentro o centro di massa del sistema continuo V di densità ρ. Le coordinate cartesiane ortogonali di G si ottengono proiettando la (3.2.7) sugli assi di una terna cartesiana $Oxyz$ ottenendo

$$x_G = \frac{1}{m}\int_V \rho x dV, \quad y_G = \frac{1}{m}\int_V \rho y dV, \quad z_G = \frac{1}{m}\int_V \rho z dV \qquad (3.2.13)$$

Nel caso particolare in cui il sistema (V,ρ) è omogeneo cioè ρ è costante in V ($grad(\rho(P)) = 0 \quad \forall P \in V$) dalla (3.2.1) si ha

$$m = \rho \cdot V \qquad (3.2.14)$$

dalla (3.2.7)

$$G - O = \frac{1}{V}\int_V (P-O)\,dV \qquad (3.2.15)$$

dalle (3.2.13)

$$x_G = \frac{1}{V}\int_V x dV, \quad y_G = \frac{1}{V}\int_V y dV, \quad z_G = \frac{1}{V}\int_V z dV \qquad (3.2.16)$$

3.2.3 **Piani e rette diametrali**

Sia Σ un sistema di punti materiali $\Sigma = \{(P_s, m_s)\}_{s=1..N}$, α ed r un piano ed una retta non paralleli

Si dirà che α è per Σ un piano diametrale coniugato alla direzione di r (vedi Fig. 3.3) o anche che Σ ammette il piano α come piano diametrale coniugato alla direzione di r se i punti P_s non appartenenti ad α si possono raggruppare a coppie in modo che i punti di una stessa coppia si trovino su una retta parallela ad r da parti opposte rispetto ad α ed abbiano la stessa massa e la stessa distanza da α.

Se α è perpendicolare ad r si dice che α è· per Σ ·un piano di simmetria

Analogamente, se i punti P_s appartengono ad uno stesso piano β ed r ed s sono due rette non parallele di tale piano, si dice che s è per Σ una retta diametrale coniugata alla direzione di r se i punti P_s non appartenenti ad s si possono raggruppare a coppie in modo che i punti di una stessa coppia si trovino su una retta parallela ad r da parti opposte rispetto ad s, ed abbiano la stessa massa e la stessa distanza da s. Se r ed s sono ortogonali si dice che s è per Σ un asse di simmetria.

Si consideri ora il sistema continuo (V,ρ). Si dirà che α è per tale sistema un piano diametrale coniugato alla direzione di r, se è possibile raggruppare a coppie i punti di V in modo che i punti P e P' di una stessa coppia siano su una retta parallela ad r da parti opposte rispetto ad α ed equidistanti da α, ed inoltre risulti $\rho(P)=\rho(P')$. Se α e perpendicolare ad r si dice che α è per (V,ρ) un piano di simmetria.

Allo stesso modo nel caso in cui V appartenga ad un piano β, si definiscono le rette diametrali e gli assi di simmetria. Dato un sistema continuo (V,ρ) si consideri il sistema di punti materiali che si è costruito nel 3.2.2, $\Sigma_\delta \equiv \{(P_s, m_s)\}_{s=1\ldots N}$.

E' evidente il fatto che dire che (V,ρ) ammetta un piano diametrale non implica necessariamente che Σ_δ lo ammetta anch'esso. E' però altrettanto evidente che, se (V,ρ) ammette un piano diametrale α, per ogni δ, fra tutti i possibili Σ_δ ce n'è almeno uno che ammette lo stesso piano diametrale.

3.2.4 Proprietà del baricentro

Poiché il baricentro di un sistema Σ di punti materiali è, per

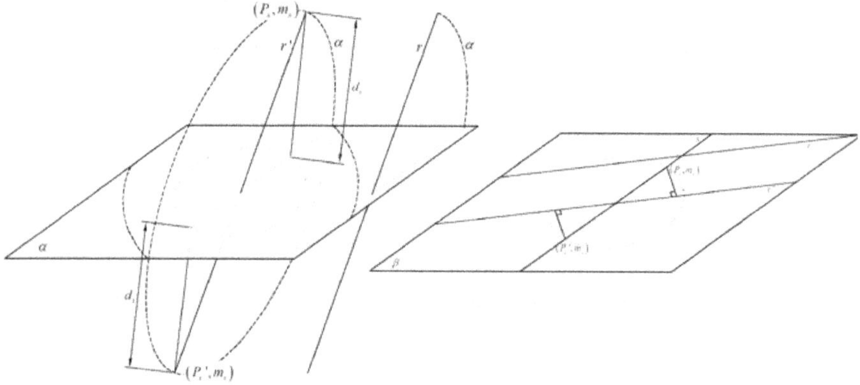

Fig. 3.3: Piano diametrale coniugato ad una direzione
Retta diametrale coniugata ad una direzione

definizione, il centro di un sistema Σ_v di vettori applicati paralleli e concordi, dovranno valere tutti i risultati riportati nei sottoparagrafi dell' 3.1.1. Si può perciò affermare che:

a) se i punti P_s del sistema Σ appartengono tutti ad un piano o ad una retta anche G apparterrà a tale piano o a tale retta.

b) Se Σ' è una parte qualsiasi di Σ, di massa m' e baricentro G', per la ricerca del baricentro G di Σ, è lecito sostituire a Σ' un unico punto materiale di massa m' nella posizione G' (proprietà distributiva del baricentro).

c) Se Σ ammette un piano diametrale o una retta diametrale, G apparterrà a questi; se Σ ammette due piani diametrali, G apparterrà alla loro retta intersezione; se ne ammette tre con un solo punto in comune questi sarà la posizione di G; se Σ è piano e ammette due rette diametrali, G coinciderà con la loro intersezione.

d) Il baricentro di Σ si trova all'interno di qualsiasi dominio convesso (dello spazio, del piano, della retta) contenente i punti P_s di Σ.

Come si è detto nel paragrafo 3.2.2, il baricentro G di un sistema continuo (V,ρ) è il limite a cui tende il baricentro G_δ di Σ_δ quando $\delta \to 0$ ed inoltre, se (V,ρ) ammette un piano diametrale, per ogni δ esiste un Σ_δ avente lo stesso piano diametrale (par. 3.2.3). Da ciò segue che i risultati enunciati ai punti a), b), c) e d) per i sistemi di punti materiali valgono anche per i sistemi continui.

4 MOMENTO D'INERZIA DI MASSA RISPETTO AD UNA RETTA

Dato un punto materiale (P,m), quindi di massa m che occupa una posizione P nello spazio a distanza d da una retta r (vedi fig.Fig. 4.1), si definisce momento d'inerzia di massa rispetto ad r la quantità

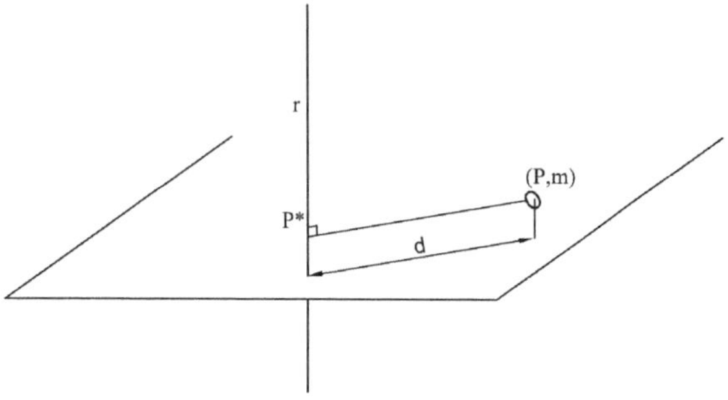

Fig. 4.1: Momento d'inerzia di massa di un punto materiale rispetto ad un asse

Dato il sistema di punti materiali $\Sigma = \{(P_s, m_s)\}_{s=1..N}$, detta Σ_A la sua posizione nello spazio fisico in cui la distanza del generico punto P_s da una retta r è d_s, si definisce momento d'inerzia di massa del sistema nella posizione Σ_A rispetto ad r la somma dei momento d'inerzia di massa rispetto dei punti del sistema rispetto ad r e cioè la quantità

$$I_r = \sum_{s=1}^{N} I_{rs} = \sum_{s=1}^{N} m_s d_s^2 \tag{4.1.2}$$

Assegnato un punto A dello spazio la (4.1.2) definisce anche il momento d'inerzia di massa del sistema Σ rispetto al punto A se con d_s si indica la distanza del punto P_s da A per $s = 1,\ldots,N$

Analogamente assegnato un piano α dello spazio la (4.1.2) definisce anche il momento d'inerzia di massa del sistema Σ rispetto al piano α se con d_s si indica la distanza del punto P_s da α per $s = 1,\ldots,N$.

Da queste definizioni, in un sistema di riferimento ortogonale *Oxyz* in cui la posizione del punto P_s è assegnata mediante le coordinate cartesiane x_s, y_s, z_s (vedi Fig. 4.2), si definiscono allora:

1) i momenti d'inerzia di massa del sistema Σ rispetto agli assi coordinati x, y, z come segue

$$
\begin{aligned}
I_{xx} &= \sum_{s=1}^{N} m_s \left(y_s^2 + z_s^2 \right) \\
I_{yy} &= \sum_{s=1}^{N} m_s \left(z_s^2 + x_s^2 \right) \\
I_{zz} &= \sum_{s=1}^{N} m_s \left(x_s^2 + y_s^2 \right)
\end{aligned}
\tag{4.1.3}
$$

2) i momenti d'inerzia di massa del sistema Σ rispetto ai piani coordinati $\pi_{xy}, \pi_{yz}, \pi_{zx}$ come segue

$$
I_{\pi yz} = \sum_{s=1}^{N} m_s x_s^2; \quad I_{\pi zx} = \sum_{s=1}^{N} m_s y_s^2 \quad I_{\pi xy} = \sum_{s=1}^{N} m_s z_s^2; \tag{4.1.4}
$$

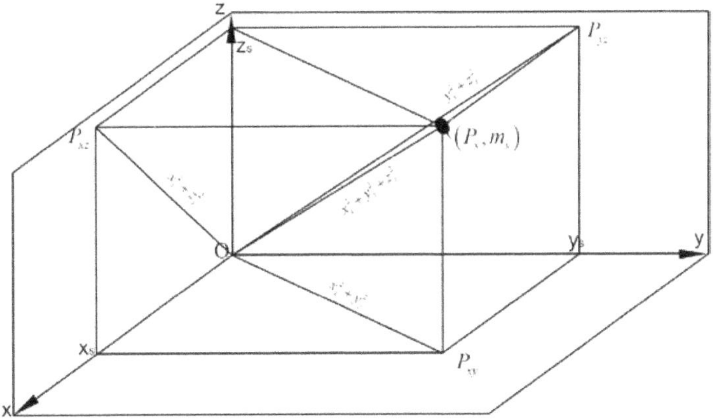

Fig. 4.2: Momento d'inerzia di massa di un punto materiale rispetto agli assi coordinati, piani coordinati, origine degli assi

3) il momento d'inerzia di massa del sistema Σ rispetto all'origine O la quantità

$$I_O = \sum_{s=1}^{N} m_s \left(x_s^2 + y_s^2 + z_s^2 \right) \tag{4.1.5}$$

Si osservi che sostituendo opportunamente le (4.1.4) nelle (4.1.3) si ottiene

$$I_{xx} = I_{\pi xy} + I_{\pi zx}; \quad I_{yy} = I_{\pi yz} + I_{\pi xy}; \quad I_{zz} = I_{\pi zx} + I_{\pi yz} \tag{4.1.6}$$

e:

$$I_O = I_{\pi xy} + I_{\pi yz} + I_{\pi zx} \tag{4.1.7}$$

4.1 MOMENTO D'INERZIA DI MASSA RISPETTO AD UNA RETTA DI UN SISTEMA CONTINUO

Sia (V, ρ) un sistema continuo, P un punto di V e $d(P)$ la distanza di P dalla retta r. Si consideri l'elemento di volume infinitesimo dV intorno di P, di massa $dm = \rho(P)dV$ essendo, come già detto nel paragrafo 3.2, $\rho = \rho(P)$ la funzione densità di volume definita in ogni punto del sistema.

Applicando la definizione data nel paragrafo 1 (4.1.1), il momento d'inerzia della massa infinitesima dm rispetto ad r è

$$dI_r = dm \cdot d^2(P) = \rho(P) d^2(P) dV \tag{4.1.8}$$

Si definisce momento d'inerzia di massa rispetto ad r del sistema continuo (V, ρ), il seguente integrale

$$I_r = \int_V dI_r = \int_V \rho(P) d^2(P) dV \tag{4.1.9}$$

In analogia a quanto fatto per i sistemi a punti discreti, di definiscono anche i momento d'inerzia di massa del sistema (V, ρ) rispetto ad un punto e ad un piano.

La definizione data dalla (4.1.9) discende più rigorosamente da un procedimento analogo a quello fatto per definire il baricentro di un sistema continuo. Si costruisce cioè, a partire da (V,ρ), il sistema di punti materiali Σ_δ e si dimostra che per $\delta \to 0$, il momento d'inerzia di massa $I_{\delta r}$ rispetto ad r di Σ_δ tende ad I_r.

Confrontando la (4.1.9) con la (4.1.2) si vede che ineffetti le formule che definiscono i momenti d'inerzia di massa di un sistema continuo si possono ottenere da quelle per i sistemi discreti di punti sostituendo in queste ultime alla sommatoria l'integrale e al punto P_s di massa m_s il punto P di massa $\rho(P)dV$. Se si indicano con x, y, z le coordinate del generico punto P del sistema allora, in base alla regola appena enunciata, si ha che:

1) i momenti d'inerzia di massa del sistema Σ rispetto agli assi coordinati x, y, z sono:

$$
\begin{aligned}
I_{xx} &= \int_V \left(y^2 + z^2\right)\rho dV \\
I_{yy} &= \int_V \left(z^2 + x^2\right)\rho dV \\
I_{zz} &= \int_V \left(x^2 + y^2\right)\rho dV
\end{aligned}
\qquad (4.1.10)
$$

2) i momenti d'inerzia di massa del sistema Σ rispetto ai piani coordinati $\pi_{xy}, \pi_{yz}, \pi_{zx}$ sono:

$$
I_{\pi yz} = \int_V x^2 \rho dV \quad I_{\pi zx} = \int_V y^2 \rho dV \quad I_{\pi xy} = \int_V z^2 \rho dV \qquad (4.1.11)
$$

3) il momento d'inerzia di massa del sistema Σ rispetto all'origine O è

$$
I_O = \int_V \left(x^2 + y^2 + z^2\right)\rho dV \qquad (4.1.12)
$$

Dalle (4.1.10) - (4.1.12) si deduce, come già per i sistemi discreti, che:

$$I_{xx} = I_{\pi xy} + I_{\pi zx}; \quad I_{yy} = I_{\pi yz} + I_{\pi xy}; \quad I_{zz} = I_{\pi zx} + I_{\pi yz} \qquad (4.1.13)$$

e:

$$I_O = I_{\pi xy} + I_{\pi yz} + I_{\pi zx} \qquad (4.1.14)$$

Queste formule si sintetizzano dicendo che:

a) il momento d'inerzia di massa di un qualsiasi sistema materiale rispetto ad una retta è la somma dei momenti d'inerzia di massa dello stesso sistema rispetto ad una qualsiasi coppia di piani ortogonali del fascio di piani di cui la retta data è asse;

b) il momento d'inerzia di massa di un qualsiasi sistema materiale rispetto ad un punto è la somma dei momenti d'inerzia di massa dello stesso sistema rispetto ad una qualsiasi terna di piani a due a due ortogonali e aventi in comune il punto.

Nel caso particolare in cui il sistema materiale appartenga ad un piano coordinato, ad esempio π_{xy}, si ha ovviamente

$$I_{\pi xy} = 0, \quad I_{xx} = I_{\pi yz}, \quad I_{yy} = I_{\pi zx} \qquad (4.1.15)$$

e quindi

$$I_O = I_{zz} = I_{xx} + I_{yy}. \qquad (4.1.16)$$

Cioè per un sistema materiale appartenente ad un piano π, il momento d'inerzia di massa rispetto ad un punto O appartenente a π coincide sia con il momento d'inerzia di massa rispetto alla retta normale a π in O sia con la somma dei momenti d'inerzia di massa rispetto ad una qualsiasi coppia di rette di π ortogonali tra di loro e passanti per O.

4.1.1 **Raggio di girazione**

Dato un sistema materiale di massa totale m il cui momento d'inerzia di massa rispetto ad una retta r sia I_r, si definisce raggio di girazione (o giratore o raggio d'inerzia) del sistema rispetto ad r il numero

$$\rho_r = +\sqrt{\frac{I_r}{m}} \tag{4.1.17}$$

La (4.1.17) comporta che sia $m\rho_r^2 = I_r$ che, confrontata con la (4.1.1) fa concludere che il raggio di girazione ρ_r di un sistema materiale rispetto ad una retta r rappresenta anche la distanza da r a cui deve disporsi un unico punto materiale di massa pari alla massa totale del sistema affinché ne abbia di questo lo stesso momento d'inerzia di massa rispetto ad r.

In analogia con la definizione di raggio di girazione di un sistema rispetto ad una retta r si definiscono anche quello rispetto ad un punto o ad un piano.

4.2 Variazione del momento d'inerzia di massa al variare della retta

In questo paragrafo si mostrerà come varierà il momento d'inerzia di massa di un sistema materiale rispetto ad una retta r.

Si vedrà che per fare questo sarà sufficiente caratterizzare il modo di variare del momento d'inerzia di massa spostando la retta parallelamente a se stessa ovvero rispetto a rette concorrenti in un punto.

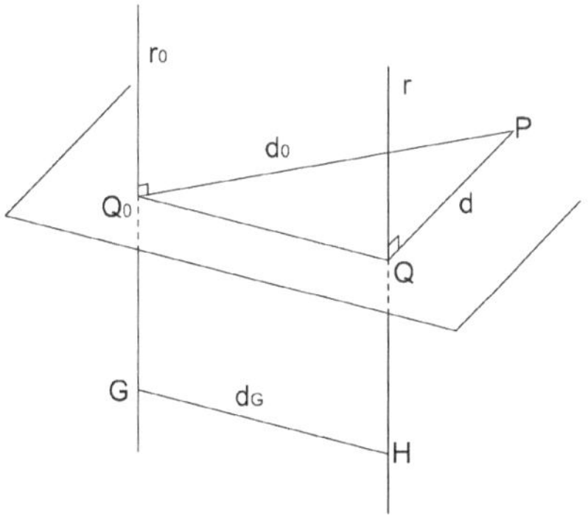

Fig. 4.3: Teorema di Huygens

Basterà dimostrare queste cose per sistemi continui o per sistemi discreti poiché le dimostrazioni ed i risultati per l'uno saranno sostanzialmente uguali anche per l'altro.

4.2.1 Variazione del momento d'inerzia di massa rispetto a rette parallele

Sia (vedi Fig. 4.3) (V,ρ) un sistema continuo avente baricentro G, r una retta qualsiasi dello spazio, r_0 la retta passante per G parallela ad r, d_G la distanza di G da r ovvero di r da r_0, I_{r0} il momento d'inerzia di massa di (V,ρ) rispetto ad r_0 ed I_r quello rispetto ad r.

Con questa premessa vale il teorema di Huygens per la variazione del momento d'inerzia di massa di un sistema (V,ρ) al variare della posizione di una retta parallelamente a se stessa:

il momento d'inerzia di massa di un sistema materiale rispetto alla retta r è uguale alla somma del momento d'inerzia di massa dello stesso sistema rispetto alla retta r_0 parallela ad r passante per G e del momento d'inerzia di massa rispetto ad r della massa totale del sistema concentrata in G:

$$I_r = I_{r0} + m \cdot d_G^2 \tag{4.2.1}$$

Si indichi con P un punto del sistema (V,ρ), con Q e Q_0 le proiezioni ortogonali di P su r ed r_0 rispettivamente, con H la proiezione ortogonale di G su r, con $d = d(P)$ e $d_0 = d_0(P)$ le distanze di P da r ed r_0 rispettivamente. Si ha allora

$$\begin{aligned} d^2 &= (P-Q)^2 = \left[(P-Q_0)+(Q_0-Q)\right]^2 = \left[(P-Q_0)+(G-H)\right]^2 = \\ &= d_0^2 + d_G^2 + 2(G-H)\cdot(P-Q_0) = \\ &= d_0^2 + d_G^2 + 2(G-H)\cdot\left[(P-G)-(G-Q_0)\right] \end{aligned} \tag{4.2.2}$$

Poiché è $(G-H)\cdot(G-Q_0)=0$, essendo questi due vettori ortogonali, si ha

$$d^2 = d_0^2 + d_G^2 + 2(G-H)\cdot(P-G) \tag{4.2.3}$$

Ora d_G e $(G-H)$ sono indipendenti da P: quindi sostituendo la (4.2.3) nella (4.1.9) (definizione di I_r) si ha

$$I_r = \int_V \rho(P) d_0^2(P) dV + d_G^2 \int_V \rho(P) dV + 2(G-H) \cdot \int_V (P-G) \rho(P) dV \quad (4.2.4)$$

L'ultimo integrale nella (4.2.4) è nullo per la (3.2.7) con cui coincide per $G \equiv O$. Il primo ed il secondo integrale sono rispettivamente I_{r0} e la massa totale m di (V, ρ).

Pertanto la (4.2.4) si riduce alla (4.2.1).

Dal teorema di Huygens segue che:

a) al variare di r nell'insieme delle generatrici di un cilindro rotondo avente per asse una retta baricentrica, il momento d'inerzia di massa rispetto ad r non varia.

b) fra tutte le rette aventi una stessa direzione, quella passante per il baricentro è quella rispetto alla quale il momento d'inerzia di massa è minimo.

c) nel calcolo del momento d'inerzia di massa non è lecito sostituire ad un sistema materiale la sua massa concentrata nel baricentro. Se si facesse ciò si commetterebbe un errore per difetto in quanto si terrebbe conto del solo termine $m \cdot d_G^2$.

Se ρ_r e ρ_{r0} sono i giratori rispetto ad r ed r_0 ordinatamente, dalla (4.2.1) si ricava

$$\rho_r^2 = \rho_{r0}^2 + d_G^2 \quad (4.2.5)$$

Sia ora r' un'altra retta parallela ad r, I_r' il momento d'inerzia di massa rispetto ad r' e d_G' la distanza di G da r'; per il teorema di Huygens sarà

$$I_r' = I_{r0}' + m \cdot d_G'^2 \quad (4.2.6)$$

Sottraendo da quest'eguaglianza la (4.2.1) si avrà

$$I'_r = I_r + m \cdot \left(d_G'^2 - d_G^2 \right) \qquad (4.2.7)$$

La (4.2.7) esprime il modo in cui variano i momenti d'inerzia di massa rispetto a rette parallele.

4.2.2 Variazione del momento d'inerzia di massa rispetto a rette concorrenti

Detto O un punto qualsiasi dello spazio (vedi Fig. 4.4), si consideri il fascio di rette dello spazio di centro O. Si vuole determinare, per un sistema di punti materiali $\Sigma_v = \left\{ \left(P_s, \mathbf{u}_s \right) \right\}_{s=1..N}$, la legge con cui varia il momento d'inerzia di massa rispetto ad una retta al variare di questa tra le rette del fascio di centro O.

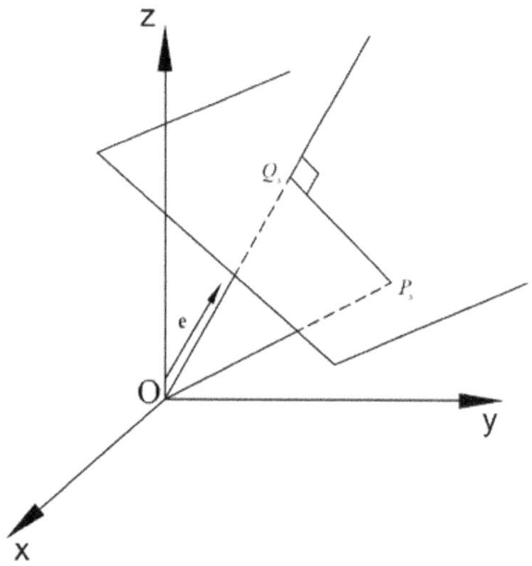

Fig. 4.4: Variazione momento d'inerzia di massa rispetto ad assi concorrenti

Sia $\mathbf{e}$ il versore di una delle rette del fascio, in particolare la retta r di coseni direttori α, β e γ in una terna di assi cartesiani ortogonali $Oxyz$ di origine O. Si indicano poi con Q_s la proiezione di P_s su r, con $d_s = \left| P_s Q_s \right|$ la distanza di P_s da r, e con x_s, y_s, z_s le coordinate cartesiane di P_s. Sarà allora

$$OQ_s^2 = \left[(P_s - O) \cdot \mathbf{e} \right]^2 = (\alpha x_s + \beta y_s + \gamma z_s)^2$$

$$OP_s^2 = x_s^2 + y_s^2 + z_s^2$$

$$\begin{aligned} d_s^2 &= OP_s^2 - OQ_s^2 = x_s^2 + y_s^2 + z_s^2 - (\alpha x_s + \beta y_s + \gamma z_s)^2 = \\ &= \alpha^2 (y_s^2 + z_s^2) + \beta^2 (z_s^2 + x_s^2) + \gamma^2 (x_s^2 + y_s^2) + \\ &- [2\beta\gamma \cdot y_s z_s + 2\gamma\alpha \cdot z_s x_s + 2\alpha\beta \cdot x_s y_s] \end{aligned}$$

Sostituendo il valore di d_s appena ottenuto nella (4.1.2) si ottiene

$$\begin{aligned} I_r &= \alpha^2 \sum_{s=1}^{N} m_s (y_s^2 + z_s^2) + \beta^2 \sum_{s=1}^{N} m_s (z_s^2 + x_s^2) + \gamma^2 \sum_{s=1}^{N} m_s (x_s^2 + y_s^2) + \\ &- \left[2\beta\gamma \cdot \sum_{s=1}^{N} m_s y_s z_s + 2\gamma\alpha \cdot \sum_{s=1}^{N} m_s z_s x_s + 2\alpha\beta \cdot \sum_{s=1}^{N} m_s x_s y_s \right] \end{aligned} \tag{4.2.8}$$

Osservando che le prime tre sommatorie nella (4.2.8) sono i momenti d'inerzia di massa di Σ rispetto ad r (4.1.3), posto

$$I_{yz} = \sum_{s=1}^{N} m_s y_s z_s, \quad I_{zx} = \sum_{s=1}^{N} m_s z_s x_s, \quad I_{xy} = \sum_{s=1}^{N} m_s x_s y_s \tag{4.2.9}$$

la (4.2.8) diventa

$$I_r = I_{xx}\alpha^2 + I_{yy}\beta^2 + I_{zz}\gamma^2 - 2\beta\gamma \cdot I_{yz} - 2\gamma\alpha \cdot I_{zx} - 2\alpha\beta \cdot I_{xy} \tag{4.2.10}$$

Le quantità I_{yz}, I_{zx}, I_{xy} definite dalla (4.2.9) si dicono prodotti d'inerzia[†] o momenti di deviazione di Σ rispetto alla terna $Oxyz$. I momenti d'inerzia I_{xx}, I_{yy}, I_{zz} ed i prodotti d'inerzia I_{yz}, I_{zx}, I_{xy} non dipendono da α, β, γ ma soltanto da Σ e dal sistema di riferimento. Note queste sei quantità, mediante la (4.2.10) si ottiene il momento d'inerzia di massa rispetto ad una qualsiasi retta passante per O.

[†] Nel caso di sistema continuo (V, ρ) i prodotti d'inerzia sono espressi da

$$I_{yz} = \int_V yz \cdot \rho dV, \quad I_{zx} = \int_V zx \cdot \rho dV, \quad I_{xy} = \int_V xy \cdot \rho dV$$

4.2.3 Ellissoide d'inerzia di un sistema materiale relativo ad un punto

La formula (4.2.10) di variazione del momento d'inerzia di massa del sistema Σ rispetto a rette concorrenti in O è suscettibile di una rappresentazione geometrica ottenuta riportando su ogni retta orientata r passante per O, nel verso in cui è orientata, un punto Q tale che risulti

$$|OQ| = \frac{1}{\sqrt{I_r}} \tag{4.2.11}$$

con I_r momento d'inerzia di massa di Σ rispetto ad r. Se si indica con $\mathbf{e}$ il versore di r di componenti α, β e γ e con I_r appunto il secondo membro della (4.2.11), il punto Q può anche definirsi con l'unica condizione

$$(Q-O) = \frac{1}{\sqrt{I_r}}\mathbf{e} \tag{4.2.12}$$

Poiché su ogni semiretta di origine O c'è uno di questi punti Q il luogo geometrico E_O descritto da Q al variare di $\mathbf{e}$, è una superficie. Tale superficie, come si vede dalla (4.2.12), è simmetrica[‡] rispetto ad O ed ha punti all'infinito se e solo se esiste una retta rispetto a cui il momento d'inerzia di massa di Σ è nullo, cioè se e solo se i punti P_s appartengono ad una stessa retta passante per O.

Se x, y, z sono le coordinate cartesiane di Q, proiettando la (4.2.12) sugli assi si ha

[‡] Infatti per l'indipendenza di I_r dal verso di r alla superficie E_O appartengono sia il punto $Q = O + \frac{1}{\sqrt{I_r}}\mathbf{e}$ che il punto $Q' = O - \frac{1}{\sqrt{I_r}}\mathbf{e}$

$$x = \frac{1}{\sqrt{I_r}}\alpha, \quad y = \frac{1}{\sqrt{I_r}}\beta, \quad z = \frac{1}{\sqrt{I_r}}\gamma \tag{4.2.13}$$

e pertanto la superficie E_O è una quadrica di centro O.

Poiché tale quadrica, tranne che nel caso (peraltro privo di importanza dal punto di vista fisico) già esaminato in cui i punti P_s di Σ appartengono ad una retta passante per O, non ha punti all'infinito essa è un ellissoide dello spazio $Oxyz$ di centro O (caratterizzato dai 3 parametri α, β, γ dipendenti dalla condizione $\alpha^2 + \beta^2 + \gamma^2 = 1$ [§]). Tale quadrica si dice ellissoide d'inerzia del sistema Σ relativo al punto O.

Allora se si conosce l' ellissoide E_O di un sistema Σ relativo ad un punto O è immediata la determinazione del momento d'inerzia di massa di Σ rispetto ad una retta r passante per O: da una delle intersezioni di r con E_O si ricava la lunghezza del segmento $|OQ|$ e dalla (4.2.11) si ha

$$I_r = \frac{1}{|OQ|^2} \tag{4.2.14}$$

Di tutte le rette concorrenti in O ce ne sono 3, a due a due perpendicolari, che sono gli assi di simmetria dell'ellissoide E_O: tali rette si dicono assi principali d'inerzia del sistema Σ rispetto ad O. I tre piani individuati dagli assi di simmetria dell' ellissoide sono i piani di simmetria dell'ellissoide e si diranno piani principali d'inerzia di Σ. I momenti d'inerzia di massa di Σ rispetto agli assi principali si dicono momenti principali d'inerzia e corrispondentemente si definiscono i raggi di girazione principali.

[§] Le (4.2.13) sono le equazioni parametriche di E_O nello spazio $Oxyz$. Risolte nei parametri α, β, γ, e sostituiti questi nella (4.2.10), si ottiene la seguente equazione cartesiana di E_O: $I_{xx}x^2 + I_{yy}y^2 + I_{zz}z^2 - 2I_{yz}yz - 2I_{zx}zx - 2I_{xy}xy = 1$

Tra gli ∞^3 ellissoidi d'inerzia di Σ relativi a tutti i punti dello spazio, particolarmente importante è E_G cioè quello relativo al baricentro G di Σ. Questo si chiama ellissoide centrale d'inerzia di Σ. Gli assi e i piani di simmetria E_G si dicono assi centrali d'inerzia e piani centrali d'inerzia di Σ e così pure i relativi momenti d'inerzia e raggi giratori si dicono momenti centrali d'inerzia e raggi giratori centrali d'inerzia.

Si ricorda che,

a) gli assi di simmetria di un ellissoide di centro O sono in generale 3 a due a due perpendicolari (tutti ovviamente passanti per il centro di simmetria O di E_O) oppure,

b) nel caso particolare dell'ellissoide cosiddetto rotondo intorno ad una retta a_r, sono lo stesso a_r e le infinite rette per O perpendicolari ad a_r;

c) nel caso particolare in cui l'ellissoide coincide con una sfera, tutte le rette passanti per O sono assi di simmetria per E_O.

Allora se E_O è a 3 assi (caso a)) vi sarà una sola terna principale d'inerzia del sistema Σ relativa ad O i cui assi coincidono con quelli di E_O. Se invece E_O è rotondo intorno ad una retta a_r, saranno terne principali d'inerzia relative ad O tutte e sole quelle trirettangole aventi un asse coincidente con a_r; infine, se E_O è una sfera, sono terne principali d'inerzia relative ad O tutte le terne trirettangole di origine O.

4.2.4 **Assi principali d'inerzia: alcune proprietà**

L'equazione canonica di un ellissoide di centro O e semiassi di lunghezze a,b,c in una terna cartesiana ortogonale $Oxyz$ è

$$\frac{x^2}{a^2}+\frac{y^2}{b^2}+\frac{z^2}{c^2}=1 \qquad (4.2.15)$$

se gli assi della terna di riferimento coincidono con quelli dell'ellissoide. Pertanto se e solo se proprio $Oxyz$ è una terna principale d'inerzia, l'equazione di E_O assume la forma canonica

$$I_{xx} \cdot x^2 + I_{yy} \cdot y^2 + I_{zz} \cdot z^2 = 1 \tag{4.2.16}$$

nella quale I_{xx}, I_{yy}, I_{zz} sono i momenti principali d'inerzia relativi ad O.

Il fatto che nella (4.2.16) non compaiano i termini misti in yz, zx, xy significa che sono nulli i loro coefficienti I_{yz}, I_{zx}, I_{xy}. Quindi i prodotti d'inerzia relativi alla terna $Oxyz$ si annullano se e solo se questa è una terna principale d'inerzia. In tal caso allora la (4.2.10) assume la forma

$$I = I_{xx} \cdot \alpha^2 + I_{yy} \cdot \beta^2 + I_{zz} \cdot \gamma^2 \tag{4.2.17}$$

se e solo se la terna $Oxyz$ è una terna principale d'inerzia.

Confrontando la (4.2.16) con la (4.2.15) si vede che le lunghezze dei semiassi di E_O coincidono con i reciproci delle radici quadrate dei momenti principali d'inerzia relativi ad O

$$a = \frac{1}{\sqrt{I_{xx}}}, \quad b = \frac{1}{\sqrt{I_{yy}}}, \quad c = \frac{1}{\sqrt{I_{zz}}} \tag{4.2.18}$$

Allora E_O sarà:

a) un ellissoide a 3 assi se i momenti principali d'inerzia relativi ad O I_{xx}, I_{yy}, I_{zz} sono diversi tra loro (Fig. 4.5);

b) un ellissoide di rotazione intorno ad uno degli assi x, y, z se i momenti principali d'inerzia relativi ad O rispetto agli altri due assi sono uguali (ad esempio ellissoide di rotazione intorno a z se $I_{xx} = I_{yy}$ (Fig. 4.6);

c) una sfera se i momenti principali d'inerzia relativi ad O sono uguali cioè $I_{xx} = I_{yy} = I_{zz}$

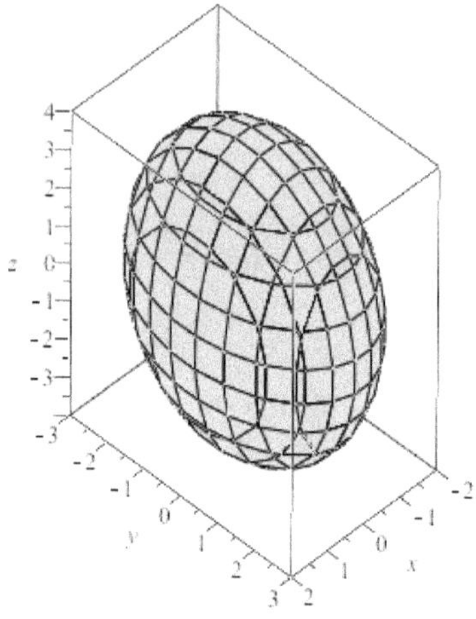

Fig. 4.5: Ellissoide a tre assi: $a = 2, b = 3, c = 4$

La ricerca degli assi principali d'inerzia di E_O rientra nel problema geometrico più generale della ricerca degli assi di una quadrica. Ci sono però alcuni teoremi, come i seguenti, che sono particolarmente utili quando tale ricerca è finalizzata alla determinazione di caratteristiche particolari di sistemi materiali.

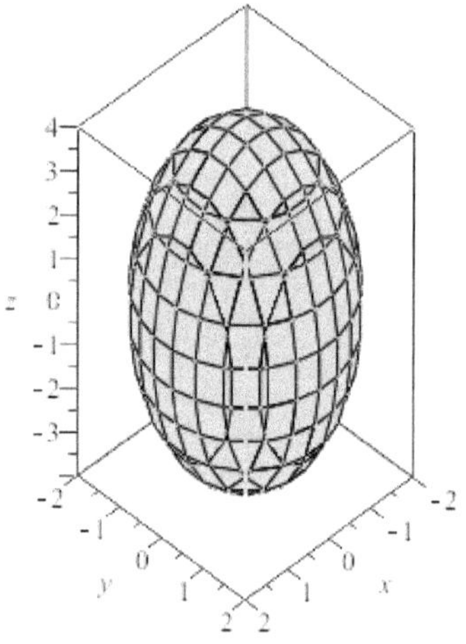

Fig. 4.6: Ellissoide rotondo: $a = 2, b = 2, c = 4$

a) Le rette del fascio di centro O rispetto alle quali il momento d'inerzia di massa di Σ è minimo o massimo sono assi principali d'inerzia rispetto ad O. Infatti per la (4.2.14) i punti Q nei quali tali rette intersecano E_O sono i punti di questa superficie che hanno da O distanza massima o minima.

b) Se un sistema materiale ammette un piano di simmetria[**] π, questo è un piano principale d'inerzia relativo ad ogni suo punto[††]; quindi un piano di simmetria è un piano centrale d'inerzia ed ha la proprietà che le normali ad esso sono assi principali d'inerzia rispetto ai relativi punti di intersezione.

Infatti, assunto $\pi \equiv \pi_{xy}$ per la supposta simmetria sarà[‡‡]

$$I_{yz} = \sum_{s=1}^{N} m_s y_s z_s = 0, \quad I_{xz} = \sum_{s=1}^{N} m_s z_s x_s = 0 \qquad (4.2.19)$$

e l'equazione di E_O si riduce a

$$I_{xx}x^2 + I_{yy}y^2 + I_{zz}z^2 - 2I_{xy} \cdot xy = 1 \qquad (4.2.20)$$

dalla quale, come si vede, π_{xy} è un piano di simmetria e perciò piano principale.

c) Se un sistema ammette due piani di simmetria π_1 e π_2 ortogonali tra loro, la loro intersezione è un asse principale d'inerzia relativo ad ogni suo punto O; ed anzi, detto π_3 un piano passante per O

[**] Per la definizione di simmetria materiale (o inerziale) si faccia riferimento al paragrafo 3.2.3 a pag. 97. Simmetria geometrica: un insieme di punti (ad esempio quelli di E_O) è simmetrico rispetto ad un piano π se ad ogni punto P_s dell'insieme che si trova a distanza d_s da π ne corrisponde un altro P_s' ancora dell'insieme che si trovi ancora a distanza d_s da π ma dalla parte opposta di P_s

[††] Nel caso particolare dei sistemi piani il teorema si può enunciare dicendo: un asse di simmetria di un sistema piano è asse principale d'inerzia relativo ad ogni suo punto; in particolare gli eventuali assi di simmetria di un sistema piano sono assi centrali d'inerzia.

[‡‡] Infatti, data la simmetria rispetto al piano π_{xy}, i punti materiali P_s aventi $z_s \neq 0$ possono raggrupparsi a coppie P_iP_j in modo che sia $m_i = m_j$, $x_i = x_j$, $y_i = y_j$, $z_i = -z_j$. Di conseguenza gli addendi non nulli di ciascuna delle due sommatorie scritte sopra sono a due a due opposti.

ortogonale ai primi due ed r_{ij} l'intersezione di π_i e π_j, le rette r_{12}, r_{13}, r_{23} sono una terna principale d'inerzia relativa ad O.

Infatti essendo π_1 e π_2 piani principali per E_O, lo sarà anche il piano π_3 normale ad essi e passante per O

d) Un asse centrale d'inerzia è principale d'inerzia rispetto ad ogni suo punto.

Sia $Gx_O y_O z_O$ (Fig. 4.7) una terna centrale d'inerzia, O un punto dell'asse z_O ed $Oxyz$ una terna cartesiana avente gli assi paralleli a quelli (omonimi) della terna centrale prescelta. Se r è una retta per O, r_O la parallela ad essa per il baricentro G, I_r il momento d'inerzia di massa rispetto ad r ed I_{Or} quello rispetto a r_O, per il teorema di Huygens è $I_r = I_{Or} + md_G^2$ e per la (4.2.17) se α, β, γ sono i coseni direttori di r ed r_O

$$I_r = I_{Oxx} \cdot \alpha^2 + I_{Oyy} \cdot \beta^2 + I_{Ozz} \cdot \gamma^2 + md_G^2 \tag{4.2.21}$$

dove $I_{Oxx}, I_{Oyy}, I_{Ozz}$ sono i momenti centrali d'inerzia di massa rispetto agli assi x_O, y_O, z_O. Posto $\overline{d} = |OG|$ e detto ϑ l'angolo che r_O forma con l'asse z, si ha

$$d_G^2 = d^2 \sin\vartheta = d^2\left(1-\gamma^2\right) = d^2\left(\alpha^2+\beta^2\right) \tag{4.2.22}$$

e quindi sostituendo nella (4.2.21)

$$I_r = \left(I_{Oxx} + md^2\right) \cdot \alpha^2 + \left(I_{Oyy} + md^2\right) \cdot \beta^2 + I_{Ozz} \cdot \gamma^2 \tag{4.2.23}$$

Se si indicano con I_{xx}, I_{yy}, I_{zz} i momento d'inerzia di massa rispetto agli assi x, y, z, per il teorema di Huygens sarà

$$I_{xx} = I_{Oxx} + md^2, \quad I_{yy} = I_{Oyy} + md^2, \quad I_{zz} = I_{Ozz} \tag{4.2.24}$$

e quindi qualunque sia r è

$$I = I_{xx} \cdot \alpha^2 + I_{yy} \cdot \beta^2 + I_{zz} \cdot \gamma^2 \qquad (4.2.25)$$

cioè $Oxyz$ è una terna principale d'inerzia.

Dalle (4.2.24) si vede inoltre che se è $I_{Oxx} = I_{Oyy}$, è anche $I_{xx} = I_{yy}$, per cui si ha il seguente teorema

e) se l'ellissoide centrale d'inerzia è rotondo intorno ad a_r anche l'ellissoide d'inerzia relativo ad un qualsiasi punto di a_r è rotondo intorno alla stessa retta.

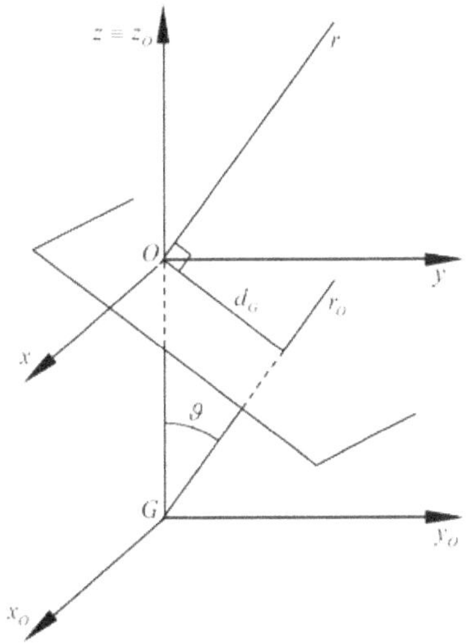

Fig. 4.7: Variazione del momento d'inerzia di massa al variare della retta

4.2.5 Modo di variare del momento d'inerzia di massa rispetto a rette qualsiasi

Tenuto conto dei risultati ottenuti nei paragrafi 4.2.1 e 4.2.2 si può adesso formulare la legge di variazione del momento d'inerzia di massa rispetto ad una retta r comunque si faccia variare r. Si indicano (Fig. 4.7) con $Gx_Oy_Oz_O$ una terna centrale d'inerzia e con $I_{Oxx}, I_{Oyy}, I_{Ozz}$ i momenti centrali d'inerzia di massa rispetto agli assi di questa terna. Come già si è visto alla fine del paragrafo 4.2.4, se α, β, γ sono i coseni direttori di r in $Gx_Oy_Oz_O$, per la (4.2.1) e la (4.2.25), il momento d'inerzia di massa I_r del sistema materiale rispetto ad r è dato da

$$I_r = I_{Oxx} \cdot \alpha^2 + I_{Oyy} \cdot \beta^2 + I_{Ozz} \cdot \gamma^2 + md_G^2 \qquad (4.2.26)$$

che è proprio quello che si cercava. Da questa formula si vede che la distribuzione di massa di un sistema materiale è caratterizzata dalla massa totale, dal baricentro e dai momenti centrali d'inerzia del sistema stesso.

5 DINAMICA DEI SISTEMI MATERIALI

5.1 MOTO RELATIVO AL BARICENTRO.

Sia assegnato un sistema di punti materiali $\Sigma=\{(P_s,m_s)\}_{s=1..N}$ in moto rispetto ad un osservatore qualsiasi (inerziale o meno) $Oxyz$. Sia G il baricentro del sistema quando questo occupa una certa posizione. Sia $Gx'y'z'$ una terna di assi parallela a $Oxyz$ (Fig. 5.1) con origine in G; questa si muoverà quindi con G mantenendosi parallele a $Oxyz$ e pertanto non è ovviamente in generale solidale a Σ. Si avrà così che, per ogni $s=1\ldots N$, è assoluto il moto di P_s rispetto alla terna T_O, relativo quello di P_s rispetto a $T_G^{'}$, mentre il moto di trascinamento è quello dei punti della terna $T_G^{'}$ rispetto alla terna T_O. Quest'ultimo, per come è stata definita la terna $T_G^{'}$, è un moto traslatorio per cui tutti i punti della terna $T_G^{'}$ si muovono con la stessa velocità in T_O e cioè con la velocità $\mathbf{v}_G$.

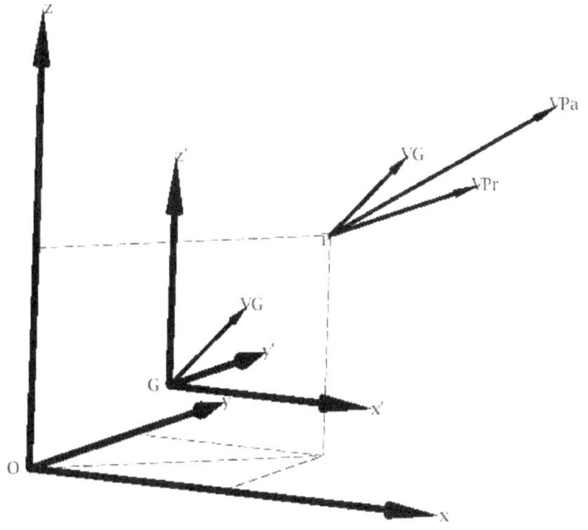

Fig. 5.1:

In simboli, si ha allora in generale:

$$\mathbf{v}_s^{(a)}=\mathbf{v}_s^{(r)}+\mathbf{v}_s^{(\tau)} \tag{5.1.1}$$

in cui $\mathbf{v}_s^{(\tau)}$ è, per definizione, la velocità di quel punto della terna mobile $T_G^{'}$ su cui si trova P_s all'istante t rispetto a T_O. Come si è detto, per come è definita $T_G^{'}$ è $\mathbf{v}_s^{(\tau)}=\mathbf{v}_G \quad \forall s=1\ldots N$ e quindi:

$$\mathbf{v}_s^{(a)} = \mathbf{v}_s^{(r)} + \mathbf{v}_G \qquad \forall s = 1 \ldots N \tag{5.1.2}$$

La (5.1.2) è la formula di decomposizione del moto del sistema Σ nel moto relativo al baricentro e nel moto del baricentro.

Si definisce quantità di moto del generico punto materiale (P_s, m_s) il vettore

$$\mathbf{q}_s = m_s \mathbf{v}_s \tag{5.1.3}$$

Si definisce altresì quantità di moto totale del sistema Σ il risultante delle quantità di moto dei punti P_s del sistema

$$\mathbf{Q} = \sum_{s=1}^{N} \mathbf{q}_s = \sum_{s=1}^{N} m_s \mathbf{v}_s \tag{5.1.4}$$

Si richiama a questo punto la definizione di baricentro del sistema Σ (vedi (3.1.5)) che si riporta per comodità

$$(G - O) = \frac{1}{m} \sum_{s=1}^{N} m_s (P_s - O) \tag{5.1.5}$$

in cui $m = \sum_{s=1}^{N} m_s$ è la massa totale di Σ. La (5.1.5), moltiplicando per m, da luogo a $m \cdot (G - O) = \sum_{s=1}^{N} m_s (P_s - O)$ che derivata rispetto a t con O fisso (cioè nel riferimento T_O), da luogo a

$$m\dot{G} = \sum_{s=1}^{N} m_s \dot{P}_s = \sum_{s=1}^{N} m_s \mathbf{v}_s = \mathbf{Q} \tag{5.1.6}$$

La (5.1.6) esprime il fatto che la quantità di moto totale del sistema coincide con quella che avrebbe il baricentro G del sistema se in esso fosse concentrata l'intera massa m del sistema.

Se si applica questo teorema al moto relativo al baricentro si ha

$$\mathbf{Q}' = \sum_{s=1}^{N} m_s \mathbf{v}_s^{(r)} = \sum_{s=1}^{N} m_s \mathbf{v}_G = m\mathbf{v}_G^{(r)} = \mathbf{0} \tag{5.1.7}$$

cioè nel moto relativo al baricentro la quantità di moto del sistema è nulla.

5.2 Equazioni cardinali della dinamica nella prima forma

Sia assegnato un riferimento fisso T_Ω qualsiasi, inerziale o meno. In questo secondo caso si dovrà tenere conto delle forze apparenti nel moto relativo del sistema.

Fig. 5.2: 3° principio della dinamica: Forze interne

Si chiameranno forze esterne al sistema Σ le azioni che i corpi che non appartengono a Σ esplicano su di esso; invece forze interne si diranno le azioni che si esplicano tra le varie parti del sistema. Le forze apparenti, per convenzione, si considereranno forze esterne. Pertanto la sollecitazione esterna $\Sigma^{(e)} \equiv \left\{ \left(P_s, \mathbf{F}_s^{(e)} \right) \right\}_{s=1\ldots N}$, di risultante $\mathbf{R}^{(e)}$ e momento risultante $\mathbf{M}_O^{(e)}$ è l'insieme delle forze esterne e di quelle apparenti agenti sui punti del sistema.

Analogamente si definirà sollecitazione interna $\Sigma^{(i)} \equiv \left\{ \left(P_s, \mathbf{F}_s^{(i)} \right) \right\}_{s=1\ldots N}$, di risultante $\mathbf{R}^{(i)}$ e momento risultante $\mathbf{M}_O^{(i)}$, l'insieme delle forze interne agenti sui punti del sistema.

A loro volta $\Sigma^{(e)}$ e $\Sigma^{(i)}$ vengono suddivise in

$$\Sigma^{(e)}\begin{cases}\Sigma^{(a,e)} = \text{sollecitazione attiva esterna} \\ \Sigma^{(v,e)} = \text{sollecitazione vincolare esterna}\end{cases}; \quad \Sigma^{(i)}\begin{cases}\Sigma^{(a,i)} = \text{sollecitazione attiva interna} \\ \Sigma^{(v,i)} = \text{sollecitazione vincolare interna}\end{cases}; \tag{5.2.1}$$

Si considerino adesso le due particelle P_r e P_s $\forall r,s=1,\ldots,N$. Siano (Fig. 5.2) $\left(P_r,\mathbf{F}_{s,r}\right)$ l'azione che P_s esercita su P_r , e $\left(P_s,\mathbf{F}_{r,s}\right)$ quella che P_r esercita su P_s. Per il 3° principio della dinamica tali forze costituiscono una coppia di braccio nullo, sono cioè uguali, opposte ed applicate sulla stessa retta passante per P_r e P_s. poiché ciò accade $\forall r,s=1,\ldots,N$, necessariamente sarà

$$\mathbf{R}^{(i)}=\sum_{s=1}^{N}\mathbf{F}_s^{(i)}=\mathbf{0};\quad \mathbf{M}_O^{(i)}=\sum_{s=1}^{N}\left(P_s-O\right)\wedge\mathbf{F}_s^{(i)}=\mathbf{0} \tag{5.2.2}$$

cioè il risultante ed il momento risultante della sollecitazione interna sono nulli per qualsiasi sistema materiale. Ciò può esprimersi anche dicendo che la sollecitazione interna è equivalente a zero per qualsiasi sistema materiale.

Si applichi adesso l'equazione fondamentale della dinamica ad ogni particella $\left(P_s,m_s\right)$ del sistema

$$m_s\mathbf{a}_s=\mathbf{F}_s\quad \forall s=1..N \tag{5.2.3}$$

facendo attenzione al fatto che $\mathbf{F}_s$ è la forza totale agente su P_s. Allora $\mathbf{F}_s$ contribuisono due aliquote distinte, $\mathbf{F}_s^{(e)}$ ed $\mathbf{F}_s^{(i)}$

$$\mathbf{F}_s=\mathbf{F}_s^{(e)}+\mathbf{F}_s^{(i)} \tag{5.2.4}$$

in cui $\mathbf{F}_s^{(e)}$ è l'aliquota della forza esterna all'intero sistema Σ che agisce su P_s; $\mathbf{F}_s^{(i)}$ è l'aliquota della forza interna all'intero sistema Σ che agisce su P_s. La (5.2.3) diventa allora

$$m_s\mathbf{a}_s = \mathbf{F}_s^{(e)} + \mathbf{F}_s^{(i)} \quad \forall s = 1..N \tag{5.2.5}$$

da cui si ricava

$$\mathbf{F}_s^{(i)} = m_s\mathbf{a}_s - \mathbf{F}_s^{(e)} \quad \forall s = 1..N \tag{5.2.6}$$

(che è $\forall s = 1,\dots,N$ una legge di moto e non un'identità).

Tale relazione vale in ogni istante di tempo t, e si può scrivere

$$\left\{\left(P_s, \mathbf{F}_s^{(i)}\right)\right\}_{s=1..N} \equiv \left\{\left(P_s, m_s\mathbf{a}_s - \mathbf{F}_s^{(e)}\right)\right\}_{s=1..N} \tag{5.2.7}$$

cioè per ogni P_s la sollecitazione interna è uguale alla forza d'inerzia diminuita di quella esterna. Poiché, però, la sollecitazione interna è equivalente a zero (5.2.2), anche $\left\{\left(P_s, m_s\mathbf{a}_s - \mathbf{F}_s^{(e)}\right)\right\}_{s=1..N}$ dev'esserlo, cioè

$$\begin{aligned} &\sum_{s=1}^{N}\left(m_s\mathbf{a}_s - \mathbf{F}_s^{(e)}\right) = \mathbf{0} \\ &\sum_{s=1}^{N}\left[\left(P_s - O\right)\wedge\left(m_s\mathbf{a}_s - \mathbf{F}_s^{(e)}\right)\right] = \mathbf{0} \end{aligned} \tag{5.2.8}$$

da cui si ricava

$$\begin{aligned} &\sum_{s=1}^{N} m_s\mathbf{a}_s = \sum_{s=1}^{N}\mathbf{F}_s^{(e)} = \mathbf{R}^{(e)} \\ &\sum_{s=1}^{N}\left(P_s - O\right)\wedge m_s\mathbf{a}_s = \sum_{s=1}^{N}\left(P_s - O\right)\wedge\mathbf{F}_s^{(e)} = \mathbf{M}_O^{(e)} \end{aligned} \tag{5.2.9}$$

Le equazioni appena ottenute

$$\begin{aligned} &\sum_{s=1}^{N} m_s\mathbf{a}_s = \mathbf{R}^{(e)} \\ &\sum_{s=1}^{N}\left(P_s - O\right)\wedge m_s\mathbf{a}_s = \mathbf{M}_O^{(e)} \end{aligned} \tag{5.2.10}$$

si chiamano equazioni cardinali della dinamica nella 1ª forma.

Esse sono state dedotte dalle leggi fondamentali della dinamica del punto materiale e valgono quindi qualunque sia il moto del sistema, cioè qualunque sia $P_s = P_s(t) \quad \forall s = 1,\dots,N$ un moto assegnato al sistema Σ sono soddisfatte le equazioni (5.2.10). Viceversa non è valida l'implicazione inversa, cioè assegnate le equazioni (5.2.10) non è, in generale, possibile trovare un moto $P_s = P_s(t) \quad \forall s = 1,\dots,N$ del sistema anche se sono assegnate le condizioni iniziali $\begin{cases} P_s(t_0) = P_s^{(0)} \\ \dot{P}_s(t_0) = \mathbf{v}_s^{(0)} \end{cases} \forall s = 1,\dots,N$ Infatti le (5.2.10), sono solo 2 equazioni vettoriali, scritte nelle N incognite vettoriali $P_s = P_s(t) \quad \forall s = 1,\dots,N$: pertanto, a meno del caso $N = 2$, non sono sufficienti a trovare il moto del sistema Σ. Anche dal punto di vista fisico ciò appare subito evidente osservando che nelle (5.2.10) non compaiono le forze interne: se, per assurdo, le (5.2.10) ammettessero una sola soluzione (per certe condizioni iniziali) si avrebbe che il sistema Σ si muoverebbe di quel moto indipendentemente dalla sollecitazione interna. E' evidente invece che, ad esempio nei sistemi deformabili, il tipo di moto è influenzato dalla sollecitazione interna. Si può pertanto concludere che, le equazioni (5.2.10), mentre sono necessariamente verificate da qualsiasi moto del sistema, non sono invece sufficienti a caratterizzare univocamente il moto di questo.

5.3 Teorema della quantità di moto

Derivando rispetto al tempo t l'espressione della quantità di moto totale di un sistema Σ (5.1.4), si ottiene (l'identità)

$$\frac{d\mathbf{Q}}{dt} = \sum_{s=1}^{N} m_s \mathbf{a}_s \tag{5.3.1}$$

Tenendo conto della prima delle (5.2.10) si ottiene

$$\frac{d\mathbf{Q}}{dt} = \mathbf{R}^{(e)} \tag{5.3.2}$$

Dalla (5.1.6) si ottiene allora

$$m\ddot{G} = \mathbf{R}^{(e)} \tag{5.3.3}$$

che va sotto il nome di teorema del baricentro: il baricentro di un sistema materiale Σ si muove con le stesse leggi di un unico punto materiale, avente massa pari a quella totale di Σ, sollecitato da una forza pari al risultante della sollecitazione esterna agente su Σ.

Si osservi che, anche in questo caso, l' equazione (5.3.3), con le condizioni iniziali $\begin{cases} G(0) = G_0 \\ \dot{G}(0) = \mathbf{v}_G^{(0)} \end{cases}$, non è sufficiente a caratterizzare il moto di G. Se ciò fosse, infatti, il moto di G risulterebbe indipendente dalle forze interne al sistema, cosa assurda. Si pensi per esempio al moto di un paracadutista: la traiettoria, la velocità del baricentro del sistema uomo + paracadute, dipendono dagli sforzi muscolari (forze interne) che, istante per istante, vanno ad influenzare la resistenza (esterna) dell'aria. Questa infatti, variando il secondo membro della (5.3.3), influenza il moto del baricentro.

Dal punto di vista matematico, in generale è

$$\mathbf{R}^{(e)} = \sum_{s=1}^{N} \mathbf{F}_s^{(e)}\left(P_s, \dot{P}_s, t\right) = \mathbf{R}^{(e)}\left(P_1, P_2, \ldots, P_N, \dot{P}_1, \dot{P}_2, \ldots, \dot{P}_N, t\right) \tag{5.3.4}$$

e quindi l' equazione (5.3.3) è, in forma esplicita

$$m\ddot{G} = \mathbf{R}^{(e)}\left(P_1, P_2, \ldots, P_N, \dot{P}_1, \dot{P}_2, \ldots, \dot{P}_N, t\right) \tag{5.3.5}$$

nelle incognite $G(t)$, $P_s(t)\,\forall s = 1, \ldots, N$ e pertanto non ha in generale un'unica soluzione. Vi sono però casi particolari in cui la soluzione è unica. Se infatti fosse $\mathbf{R}^{(e)} = \mathbf{R}^{(e)}\left(G, \dot{G}, t\right)$, cioè il risultante della sollecitazione esterna dipendesse soltanto dal moto del baricentro, la (5.3.5), con le condizioni iniziali, diventerebbe

$$\begin{cases} m\ddot{G} = \mathbf{R}^{(e)}\left(G, \dot{G}, t\right) \\ G\left(t_0\right) = G_0 \\ \dot{G}\left(t_0\right) = \mathbf{v}_G^{(0)} \end{cases} \tag{5.3.6}$$

nella sola incognita $G(t)$. Pertanto quando il risultante della sollecitazione esterna dipende solo dal moto del baricentro G, il moto di G è effettivamente indipendente dalla sollecitazione interna a Σ e si determina come soluzione del problema di condizioni iniziali (5.3.6). Se, più in particolare, è $\mathbf{R}^{(e)} = \mathbf{0}$, il problema si riduce a

$$\begin{cases} m\ddot{G} = \mathbf{0} \\ G\left(t_0\right) = G_0 \\ \dot{G}\left(t_0\right) = \mathbf{v}_G^{(0)} \end{cases} \tag{5.3.7}$$

da cui $\ddot{G} = \mathbf{0} \Rightarrow \dot{G} = \text{cost} = \dot{G}(0) = \mathbf{v}_G^{(0)}$ e, a seconda del valore di $\mathbf{v}_G^{(0)}$ potrebbero distinguersi i due casi:

1. $\mathbf{v}_G^{(0)} = \mathbf{0}$ per cui si avrebbe $G(t) = G_0 \quad \forall t$ e cioè baricentro che rimane fermo nella sua posizione iniziale per tutto il tempo del moto di Σ
2. $\mathbf{v}_G^{(0)} \neq \mathbf{0}$ per cui si avrebbe $\dot{G}(t) = \mathbf{v}_G^{(0)} \quad \forall t$ e cioè la velocità del baricentro $\dot{G}(t)$ è un vettore costante per tutto il tempo del moto di Σ e pari al suo valore iniziale $\mathbf{v}_G^{(0)}$, e quindi il moto di G è rettilineo (direzione della velocità costante) uniforme (modulo della velocità costante).

Dalle considerazioni appena fatte si deduce il cosiddetto teorema di conservazione del moto del baricentro, per il quale: in un sistema materiale isolato (in assenza di sollecitazione esterna) in un riferimento inerziale (e quindi in assenza anche di forze apparenti per cui è

$\mathbf{R}^{(e)} = \mathbf{0}$) il baricentro sta in quiete oppure si muove di moto rettilineo uniforme.

5.4 Teorema del momento della quantità di moto

Si consideri il momento della quantità di moto di un sistema materiale Σ

$$\mathbf{K}_O = \sum_{s=1}^{N} (P_s - O) \wedge m_s \mathbf{v}_s \tag{5.4.1}$$

Derivando quest'identità si ha

$$\begin{gathered} \frac{d\mathbf{K}_O}{dt} = \sum_{s=1}^{N} (\dot{P}_s - \dot{O}) \wedge m_s \mathbf{v}_s + \sum_{s=1}^{N} (P_s - O) \wedge m_s \mathbf{a}_s = \\ \sum_{s=1}^{N} \dot{P}_s \wedge m_s \mathbf{v}_s + -\dot{O} \wedge \sum_{s=1}^{N} m_s \mathbf{v}_s + \sum_{s=1}^{N} (P_s - O) \wedge m_s \mathbf{a}_s \end{gathered} \tag{5.4.2}$$

Poiché è $\dot{P}_s = \mathbf{v}_s$ è $\sum_{s=1}^{N} \dot{P}_s \wedge m_s \mathbf{v}_s = \mathbf{0}$ e dalla (5.4.2), tenendo conto della (5.1.4), si ha

$$\frac{d\mathbf{K}_O}{dt} = -\dot{O} \wedge \mathbf{Q} + \sum_{s=1}^{N} (P_s - O) \wedge m_s \mathbf{a}_s \tag{5.4.3}$$

Applicando all' identità (5.4.3) la seconda delle equazioni cardinali della dinamica nella 1ª forma (5.2.10), si ottiene

$$\frac{d\mathbf{K}_O}{dt} = -\dot{O} \wedge \mathbf{Q} + \mathbf{M}_O^{(e)} \tag{5.4.4}$$

che, proprio perché ottenuta applicando una legge, è un teorema.

Poiché la scelta del polo O è arbitraria (purché poi ad esso si riferiscano sia il momento della quantità di moto $\mathbf{K}_O$ che il momento risultante della sollecitazione esterna $\mathbf{M}_O^{(e)}$), la (5.4.4) può semplificarsi con una scelta di O tale che

$$\dot{O} \wedge \mathbf{Q} = \mathbf{0} \tag{5.4.5}$$

Ciò accadrà con una delle seguenti scelte:

1. $\dot{O} = \mathbf{v}_O = \mathbf{0}$, ovvero scegliendo per O un punto fisso dello spazio
2. $\dot{O} = \mathbf{v}_O // \mathbf{Q}$; poiché per la (5.1.6) è $\mathbf{Q} = m\dot{G}$, questa condizione equivale alla scelta di $O \equiv G$ poiché in tal modo è $\dot{O} \equiv \dot{G}$.

Con una di queste scelte, la (5.4.4) può mettersi nella forma del cosiddetto teorema del momento della quantità di moto di un sistema materiale Σ di baricentro G

$$\frac{d\mathbf{K}_O}{dt} = \mathbf{M}_O^{(e)} \quad \text{con } O \text{ punto fisso oppure } O \equiv G \tag{5.4.6}$$

5.5 Equazioni cardinali della dinamica nella seconda forma

Poiché i teoremi della quantità di moto (5.3.2) (o equivalentemente la (5.3.3)) e del momento della quantità di moto (5.4.6) di un sistema materiale Σ di baricentro G sono conseguenza delle equazioni cardinali della dinamica nella 1^a forma, vengono spesso sostituiti a queste equazioni e chiamati equazioni cardinali della dinamica nella 2^a forma. Vale la pena riepilogarle di seguito:

$$\begin{aligned} &\frac{d\mathbf{Q}}{dt} = \mathbf{R}^{(e)} \\ &\frac{d\mathbf{K}_O}{dt} = \mathbf{M}_O^{(e)} \quad \text{con } O \text{ punto fisso oppure } O \equiv G \end{aligned} \tag{5.5.1}$$

Nelle applicazioni in cui è $\mathbf{M}_O^{(e)} = \mathbf{0}$ si ha $\frac{d\mathbf{K}_O}{dt} = \mathbf{0}$ ovvero $\mathbf{K}_O = \text{costante}$. Dalla definizione di $\mathbf{K}_O$ (5.4.1), poiché $\mathbf{v}_s$ è riferita alla terna fissa, l'osservatore rispetto a cui dev'essere $\mathbf{K}_O = \text{costante}$ è l'osservatore fisso.

5.6 Lavoro elementare di un sistema di forze

Sul sistema materiale $\Sigma = \{(P_1, m_1), (P_2, m_2), \ldots, (P_N, m_N)\}$ agisca una sollecitazione $\Sigma^{(F)} = \{(P_1, \mathbf{F}_1), (P_2, \mathbf{F}_2), \ldots, (P_N, \mathbf{F}_N)\}$.

Si definisce lavoro elementare di $\Sigma^{(F)}$ la somma dei lavori elementari delle singole $\mathbf{F}_s$ per effetto di uno spostamento infinitesimo $dP_s \quad \forall s = 1, \ldots, N$ del sistema Σ

$$dL = \sum_{s=1}^{N} dL_s = \sum_{s=1}^{N} \mathbf{F}_s \cdot dP_s \tag{5.6.1}$$

Sia $\Delta t = [t_0, t_1]$ l' intervallo di tempo in cui il sistema Σ si muove di moto $\mathcal{M}$. Si dirà lavoro di $\Sigma^{(F)}$ nell'intervallo Δt la quantità

$$L = \int_{t_0}^{t_1} dL = \int_{t_0}^{t_1} \sum_{s=1}^{N} \mathbf{F}_s \cdot \dot{P}_s dt = \sum_{s=1}^{N} \int_{t_0}^{t_1} \mathbf{F}_s \cdot \dot{P}_s dt \tag{5.6.2}$$

Per calcolare L si dovranno quindi conoscere le funzioni $\mathbf{F}_s = \mathbf{F}_s(P_s, \dot{P}_s, t)$ ed ancor prima il moto del sistema Σ $P_s = P_s(t) \quad \forall s = 1, \ldots, N$.

E' interessante il caso in cui il moto $M \equiv M_r$ di Σ è rigido nell'intervallo Δt. In tal caso infatti, per la seconda proprietà dei moti rigidi (2.7.16) in ogni istante di M_r si ha

$$v_s = v_O + (O - P_s) \wedge \boldsymbol{\omega} \quad \forall O \in \Sigma. \tag{5.6.3}$$

Moltiplicando la (5.6.3) per dt

$$v_s dt = v_O dt + (O - P_s) \wedge \boldsymbol{\omega} dt \quad \forall O \in \Sigma \tag{5.6.4}$$

Posto $\boldsymbol{\omega} dt = \boldsymbol{\psi}$, con $\boldsymbol{\psi}$ detta rotazione elementare, si ha

$$\mathbf{d}P_s = \mathbf{d}O + (O - P_s) \wedge \boldsymbol{\psi} \quad \forall O \in \Sigma \tag{5.6.5}$$

che è la formula dello spostamente elementare $\mathbf{d}P_s$ del generico punto P_s in un moto rigido del sistema Σ. I vettori $\mathbf{d}O$, $\boldsymbol{\psi}$ si dicono vettori caratteristici del moto rigido.

Sostituendo la (5.6.5) nella (5.6.1), si ottiene il lavoro elementare che il sistema di forze $\Sigma^{(F)}$ compie per uno spostamento rigido

$$dL = \sum_{s=1}^{N} \mathbf{F}_s \cdot \left[\mathbf{d}O + (O - P_s) \wedge \boldsymbol{\psi} \right] = \\ = \sum_{s=1}^{N} \mathbf{F}_s \cdot \mathbf{d}O + \sum_{s=1}^{N} \mathbf{F}_s \cdot (O - P_s) \wedge \boldsymbol{\psi} \quad \forall O \in \Sigma \tag{5.6.6}$$

Posto $\mathbf{R} = \sum_{s=1}^{N} \mathbf{F}_s$ ed effettuando la sostituzione

$$\mathbf{F}_s \cdot (O - P_s) \wedge \boldsymbol{\psi} = \boldsymbol{\psi} \cdot \left[\mathbf{F}_s \wedge (O - P_s) \right]$$

dalla (5.6.6) si ottiene

$$dL = \mathbf{R} \cdot \mathbf{d}O + \boldsymbol{\psi} \cdot \sum_{s=1}^{N} \mathbf{F}_s \wedge (O - P_s) \quad \forall O \in \Sigma \tag{5.6.7}$$

Posto $\sum_{s=1}^{N} \mathbf{F}_s \wedge (O - P_s) = -\mathbf{M}_O$ dalla (5.6.7) si ha in definitiva

$$dL = \mathbf{R} \cdot \mathbf{d}O + \mathbf{M}_O \cdot \boldsymbol{\psi} \quad \forall O \in \Sigma \tag{5.6.8}$$

La (5.6.8), valida solo se il moto è rigido, confrontata con la (5.6.1) che è valida invece per qualsiasi moto del sistema, evidenzia il fatto che nel caso di moto rigido il lavoro fatto dalle forze esterne dipende soltanto dal suo risultante applicato in un punto O arbitrariamente scelto e dal suo momento risultante rispetto proprio ad O.

Come esempio, si prenda in considerazione il caso in cui su un sistema Σ agisca una sollecitazione $\Sigma^{(e)} \equiv \Sigma^{(i)}$ cioè coincidente con quella interna $\Sigma^{(i)}$ e pertanto è $dL^{(e)} = dL^{(i)}$ con $dL^{(i)} = \sum_{s=1}^{N} \mathbf{F}_s^{(i)} \cdot dP_s$

Ora se Σ è deformabile, animato di moto qualsiasi, è $dL^{(i)} \neq 0$ essendo in generale $dP_1 \neq dP_2 \neq \ldots \neq dP_N$, pur essendo la sollecitazione interna $\Sigma^{(i)}$ equivalente a zero (cioè $\mathbf{R}^{(i)} = \mathbf{0}, \quad \mathbf{M}_O^{(i)} = \mathbf{0}$); è quindi anche $dL^{(e)} \neq 0$ cioè il lavoro della sollecitazione esterna nullo.

Se invece lo spostamento del sistema Σ fosse rigido, applicando la (5.6.8) alla sollecitazione interna $\Sigma^{(i)}$, che è equivalente a zero, si ha $dL^{(i)} = 0$, che è un risultato generale che può enunciarsi come segue:

il lavoro della sollecitazione interna per uno spostamento rigido del sistema è nullo.

Continuando nell'esempio proposto, quanto appena detto in generale implica che nel caso particolare di $\Sigma^{(e)} \equiv \Sigma^{(i)}$ è anche $dL^{(e)} = 0$.

Si osservi inoltre che, sempre per la (5.6.8), il lavoro compiuto da sollecitazioni diverse tra loro ma equivalenti è lo stesso se lo spostamento del sistema è rigido (mentre in generale non lo è se pur essendo le sollecitazioni equivalenti lo spostamento del sistema non è rigido).

5.7 Teorema delle forze vive o dell'energia cinetica di un sistema materiale Σ

Assegnato il sistema materiale $\Sigma = \{(P_1, m_1), (P_2, m_2), \ldots, (P_N, m_N)\}$ e distinte in $\Sigma^{(e)}$ e $\Sigma^{(i)}$ rispettivamente la sollecitazione esterna e quella interna agenti su di esso nell'intervallo $\Delta t = [t_0, t_1]$, vale il seguente teorema qualunque sia il moto M_r del sistema Σ:

$$dT = dL^{(e)} + dL^{(i)} \tag{5.7.1}$$

dove con dT si indica la variazione dell'energia cinetica di Σ all' istante t e $dL^{(e)}$ e $dL^{(i)}$ rispettivamente i lavori elementari della sollecitazione esterna e di quella interna per effetto dello spostamento elementare del sistema Σ all'istante t $\{dP_s(t)\}_{s=1\ldots N} \equiv \{\mathbf{v}_s(t) \cdot dt\}_{s=1\ldots N}$.

Per dimostrare la (5.7.1) si parte dalla definizione dell' energia cinetica del sistema Σ come somma dell' energia cinetica di ogni suo punto materiale (P_s, m_s)

$$T = \sum_{s=1}^{N} T_s = \frac{1}{2} \sum_{s=1}^{N} m_s v_s^2 \tag{5.7.2}$$

Differenziando rispetto al tempo, si ha

$$\begin{aligned} dT &= \frac{1}{2} \sum_{s=1}^{N} \left[m_s \left(2\mathbf{v}_s \cdot \frac{d\mathbf{v}_s}{dt} dt \right) \right] = \sum_{s=1}^{N} \left(m_s \mathbf{v}_s \cdot \mathbf{a}_s dt \right) = \\ &= \sum_{s=1}^{N} \left(m_s \mathbf{a}_s \cdot dP_s \right) \end{aligned} \tag{5.7.3}$$

in cui, nell'ultimo passaggio, si è fatto uso dell'identità di definizione dello spostamento elementare $\mathbf{v}_s(t) \cdot dt = dP_s(t)$. A questo punto, sostituendo l'equazione fondamentale della dinamica del punto materiale scritta per ognuno dei punti (P_s, m_s) del sistema Σ, su cui agiscono $\mathbf{F}_s^{(e)}$ ed $\mathbf{F}_s^{(i)}$,

$$m_s \mathbf{a}_s = \mathbf{F}_s^{(e)} + \mathbf{F}_s^{(i)} \tag{5.7.4}$$

nella (5.7.3), si ha

$$dT = \sum_{s=1}^{N} \left[\left(\mathbf{F}_s^{(e)} + \mathbf{F}_s^{(i)} \right) \cdot dP_s \right] = dL^{(e)} + dL^{(i)} \tag{5.7.5}$$

che è proprio ciò che si voleva dimostrare.

Si rimarca l'importanza del fatto che se il moto del sistema Σ all'istante t (per meglio dire, l'atto di moto all' istante t) è generico, il lavoro elementare delle forze interne $dL^{(i)}$ non è nullo.

Viceversa nel caso particolare in cui il moto del sistema Σ all'istante t è rigido (ovvero l' atto di moto è rigido all' istante t), $dL^{(i)} = 0$ e pertanto la (5.7.1) si particolarizza in

$$dT = dL^{(e)} \tag{5.7.6}$$

5.8 Teorema delle forze vive o dell'energia cinetica per un sistema materiale Σ di corpi rigidi

Un altro caso particolare degno di nota del teorema delle forze vive o dell'energia cinetica è quello in cui il sistema Σ sia costituito da un numero finito di parti rigide, tra loro interagenti, $C_s \quad s = 1 \ldots N$.

Si evidenzia che l'intero sistema Σ è, in generale, non rigido e pertanto per esso vale la (5.7.1) con $dL^{(i)} \neq 0$. Ma, per ogni singola parte C_s rigida vale la (5.7.6) e cioè

$$dT_s = dL_s^{(est.C_s)} \quad \forall s = 1 \ldots N \tag{5.8.1}$$

in cui, si faccia attenzione, dT_s è la variazione di energia cinetica della parte C_s e $dL_s^{(est.C_s)}$ il lavoro fatto dalle forze esterne a C_s. Ora queste ultime saranno di due tipi: quelle che sono anche esterne all'intero sistema e che agiscono su C_s e quelle interne al sistema e che agiscono anch'esse su C_s. Si indicano allora le prime con $dL_s^{(e)}$ e le seconde con $dL_s^{(i^*)}$ e pertanto $dL_s^{(est.C_s)} = dL_s^{(e)} + dL_s^{(i^*)}$. In tal modo la (5.8.1) diventa

$$dT_s = dL_s^{(e)} + dL_s^{(i^*)} \quad \forall s = 1 \ldots N \tag{5.8.2}$$

Sommando membro a membro le (5.8.2) si ha

$$\sum_{s=1}^{N} dT_s = \sum_{s=1}^{N} dL_s^{(e)} + \sum_{s=1}^{N} dL_s^{(i^*)} \tag{5.8.3}$$

ovvero

$$dT = dL^{(e)} + dL^{(i^*)} \tag{5.8.4}$$

avendo indicato con:

dT energia cinetica totale del sistema

$dL^{(e)}$ lav.elem. della sollecitazione esterna al sistema

$dL^{(i^*)}$ lav.elem. delle mutue azioni tra i corpi rigidi del sistema

La (5.8.4) costituisce, in forma simbolica, il teorema delle forze vive per un sistema di corpi rigidi, il cui enunciato è il seguente:

per un sistema di corpi rigidi la variazione dell' energia cinetica dell' intero sistema è uguale alla somma del lavoro elementare della sollecitazione esterna all'intero sistema e del lavoro elementare delle mutue azioni tra i vari corpi rigidi del sistema.

Si evidenzia ancora una volta che, a differenza del caso di sistemi qualsiasi per i quali vale la (5.7.1), nella (5.8.4) non vi è (poiché nullo) il lavoro di quelle forze interne al sistema che sono anche interne al singolo corpo rigido C_s.

6 DINAMICA DEL CORPO RIGIDO

6.1 PROBLEMA GENERALE

Si consideri per semplicità un sistema di punti materiali $\Sigma = \{(P_1, m_1), (P_2, m_2), \ldots, (P_N, m_N)\}$ rigido, e si indichi con T_Ω la terna fissa di origine Ω ed assi ξ, η, ζ ortogonali. Sia $\Sigma^{(e)}$ la sollecitazione esterna agente su Σ.

Come si è visto nel paragrafo 5.5, valgono sempre le equazioni cardinali della dinamica nella 2ª forma (5.5.1), qualunque sia il sistema (anche non rigido), che, esplicitando la sollecitazione esterna secondo la (5.2.1), sono le leggi

$$\begin{aligned} &\frac{d\mathbf{Q}}{dt} = \mathbf{R}^{(a)} + \mathbf{R}^{(v)} \\ &\frac{d\mathbf{K}_O}{dt} = \mathbf{M}_O^{(a)} + \mathbf{M}_O^{(v)} \quad \text{con } O \text{ punto fisso oppure } O \equiv G \end{aligned} \tag{6.1.1}$$

Per il teorema del baricentro (5.3.3) la prima delle (6.1.1) può anche essere scritta come

$$m\ddot{G} = \mathbf{R}^{(a)} + \mathbf{R}^{(v)} \tag{6.1.2}$$

Il problema della dinamica di un sistema Σ, ovvero della determinazione del moto di Σ consiste nel trovare le equazioni differenziali del moto in numero pari al numero di gradi di libertà del sistema Σ ovvero pari al numero delle coordinate lagrangiane di questo.

Si tenga conto del fatto che le (6.1.1) costituiscono un sistema di 6 equazioni scalari e pertanto esse sono sufficienti in linea di principio alla risoluzione del problema della dinamica di sistemi aventi al più 6 gradi di libertà.

Ciò è senz'altro verificato per i seguenti sistemi, tra l'altro di notevole interesse anche tecnico:

1. Singolo corpo rigido con asse fisso
2. Singolo corpo rigido con punto fisso

3. Singolo corpo rigido libero
4. Sistema di più corpi rigidi in presenza di vincoli fissi e bilateri (in numero sufficiente)

Poiché l'analisi di questi casi è ristretta al corpo rigido, si introdurrà sempre, associandola ad esso, una terna solidale T_O di origine O ed assi ortogonali x, y, z.

Si supporranno inoltre i vincoli sempre "lisci" ovvero privi di attrito (cioè nei punti di contatto tra superfici in moto relativo l'azione scambiata non ha componenti nel piano tangente comune).

Si indicheranno infine, dette (x_s, y_s, z_s) le coordinate del generico punto P_s del corpo rigido Σ nel riferimento solidale T_O, (vedi formule (4.1.3) e (4.1.4)) con:

$$I_{xx} = \sum_{s=1}^{N} m_s \left(y_s^2 + z_s^2\right); \; I_{yy} = \sum_{s=1}^{N} m_s \left(z_s^2 + x_s^2\right); \; I_{zz} = \sum_{s=1}^{N} m_s \left(x_s^2 + y_s^2\right) \quad (6.1.3)$$

i momenti d'inerzia di massa del sistema Σ rispetto agli assi coordinati x, y, z, e con

$$I_{\pi yz} = \sum_{s=1}^{N} m_s x_s y_s; \quad I_{\pi zx} = \sum_{s=1}^{N} m_s x_s z_s \quad I_{\pi xy} = \sum_{s=1}^{N} m_s x_s y_s; \qquad (6.1.4)$$

i momenti d'inerzia di massa del sistema Σ rispetto ai piani coordinati $\pi_{xy}, \pi_{yz}, \pi_{zx}$

6.2 Dinamica del corpo rigido con asse fisso

Facendo riferimento allo schema cinematico già introdotto nel paragrafo 2.6 con la relativa figura Fig. 2.3, detto r l'asse fisso, il moto è per definizione rotatorio intorno ad r. Tecnicamente è questo il caso, di grande interesse pratico, dello studio della dinamica di un corpo rigido in moto rotatorio intorno ad un asse r del riferimento fisso.

E' evidente che il sistema ha un solo grado di libertà: basta infatti una sola coordinata per individuare univocamente la posizione del corpo Σ nello spazio. Si scelga proprio l'angolo ϑ, definito nel già richiamato paragrafo 2.6 come l'angolo che il piano solidale π_{xy} forma con il piano $\pi_{\xi\eta}$ avendo disposto le terne T_O e T_Ω in modo che $z \equiv \zeta \equiv r$, come coordinata lagrangiana. E' allora $\vartheta = \vartheta(t)$ l'incognita dell'equazione del moto nella quale non dovranno comparire le reazioni vincolari incognite. Tale equazione si ricaverà dalle (6.1.1). Per farlo si comincia con il ricavare l'espressione di $\mathbf{K}_O$: poiché il moto è rotatorio qualunque sia O un punto di r l'espressione della velocità del generico punto P_s di Σ è data dalla (2.6.11) particolarizzata come segue:

$$\forall \mathrm{O} \in \mathrm{r} \qquad \mathbf{v}_{Ps} = (O - P_s) \wedge \boldsymbol{\omega} = \boldsymbol{\omega} \wedge (P_s - O) \qquad \forall s = 1 \ldots N \quad (6.2.1)$$

Essendo $\boldsymbol{\omega} = \dot{\vartheta} \cdot \mathbf{k}$ e sostituendo nella (5.4.1), si ottiene l'espressione di $\mathbf{K}_O$ per un sistema che si muove di moto rotatorio

$$\begin{aligned} \mathbf{K}_O &= \sum_{s=1}^{N} (P_s - O) \wedge m_s \left[\dot{\vartheta} \cdot \mathbf{k} \wedge (P_s - O) \right] = \\ &= \dot{\vartheta} \cdot \sum_{s=1}^{N} m_s (P_s - O) \wedge \left[\mathbf{k} \wedge (P_s - O) \right] \end{aligned} \qquad (6.2.2)$$

Tenendo conto della formula che esprime il doppio prodotto vettoriale tra 3 vettori $\mathbf{u}, \mathbf{v}, \mathbf{w}$, che si riporta per comodità di seguito

$$\mathbf{u} \wedge (\mathbf{v} \wedge \mathbf{w}) = (\mathbf{u} \cdot \mathbf{w})\mathbf{v} - (\mathbf{u} \cdot \mathbf{v})\mathbf{w} = \lambda \mathbf{v} - \mu \mathbf{w} \qquad (6.2.3)$$

dalla (6.2.2) si ottiene

$$\mathbf{K}_O = \dot{\vartheta} \cdot \sum_{s=1}^{N} m_s \left[\left[(P_s - O)^2 \right] \mathbf{k} - \left[(P_s - O) \cdot \mathbf{k} \right] (P_s - O) \right] \qquad (6.2.4)$$

Esprimendo il vettore $(P_s - O)$ in termini di componenti sugli assi della terna solidale, cioè

$$(P_s - O) = x_s \mathbf{i} + y_s \mathbf{j} + z_s \mathbf{k} \qquad (6.2.5)$$

la (6.2.4) diventa

$$\mathbf{K}_O = \dot{\vartheta}\cdot\sum_{s=1}^{N} m_s \begin{bmatrix} \left(x_s\mathbf{i}+y_s\mathbf{j}+z_s\mathbf{k}\right)^2\mathbf{k}+ \\ -\left[\left(x_s\mathbf{i}+y_s\mathbf{j}+z_s\mathbf{k}\right)\cdot\mathbf{k}\right]\left(x_s\mathbf{i}+y_s\mathbf{j}+z_s\mathbf{k}\right) \end{bmatrix} =$$

$$= \dot{\vartheta}\cdot\sum_{s=1}^{N} m_s \left[\left(x_s^2+y_s^2+z_s^2\right)\mathbf{k} - z_s\left(x_s\mathbf{i}+y_s\mathbf{j}+z_s\mathbf{k}\right)\right] = \qquad (6.2.6)$$

$$= \dot{\vartheta}\cdot\sum_{s=1}^{N} m_s \left[\left(x_s^2+y_s^2\right)\mathbf{k} - \left(x_s z_s\mathbf{i}+y_s z_s\mathbf{j}\right)\right]$$

ed infine, tenendo conto delle (4.1.3) e (4.1.4) si ottiene

$$\mathbf{K}_O = \dot{\vartheta}\cdot\left(-I_{\pi xz}\mathbf{i} - I_{\pi yz}\mathbf{j} + I_{zz}\mathbf{k}\right) \qquad (6.2.7)$$

Prima di procedere alla determinazione di $\frac{d\mathbf{K}_O}{dt}$ da inserire nelle (6.1.1), si prenda in esame il caso particolare (Fig. 6.1) in cui l'asse fisso (di rotazione) r coincida con uno degli assi principali d'inerzia di Σ relativi ad O ad esempio l'asse z dell'ellissoide d'inerzia E_O di Σ. In tal caso si ha $I_{yz}=0$; $I_{zx}=0$.

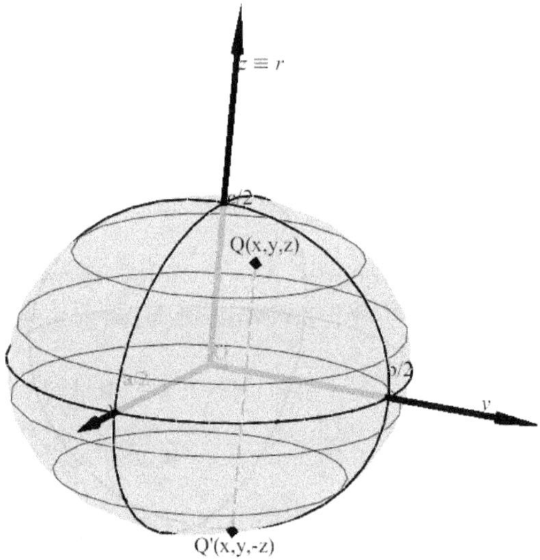

Fig. 6.1

Infatti se z è principale d'inerzia rispetto ad O, il piano π_{xy} lo è a sua volta e pertanto ad ogni punto Q dell'ellissoide E_O di coordinate (x, y, z) corrisponde un punto Q' di coordinate $(x, y, -z)$ anch'esso appartenente all'ellissoide E_O.

Questo comporta che l'equazione (vedi nota a pag.113) dell'ellissoide E_O (nella terna $Oxyz$)

$$I_{xx}x^2 + I_{yy}y^2 + I_{zz}z^2 - 2I_{yz}yz - 2I_{zx}zx - 2I_{xy}xy = 1 \qquad (6.2.8)$$

se soddisfatta da Q dovrà esserlo anche da Q'. Ciò può avvenire solo se accade che $I_{yz}yz = 0$; $I_{zx}zx = 0$; $\forall Q \in E_O$ e pertanto solo se $I_{yz} = 0$; $I_{zx} = 0$ che è quello che si voleva dimostrare (riducendo la (6.2.8) a $I_{xx}x^2 + I_{yy}y^2 + I_{zz}z^2 - 2I_{xy}xy = 1$).

Pertanto se l'asse fisso (di rotazione) r coincide con l'asse z principale d'inerzia rispetto ad un suo punto O, la (6.2.7) si riduce a

$$\mathbf{K}_O = I_{zz}\dot{\vartheta}\cdot\mathbf{k} \qquad (6.2.9)$$

Riprendendo la determinazione di $\frac{d\mathbf{K}_O}{dt}$ da inserire nella (6.1.1), in generale si ha

$$\begin{aligned}\frac{d\mathbf{K}_O}{dt} &= \frac{d}{dt}\left[\dot{\vartheta}\cdot\left(-I_{\pi zx}\mathbf{i} - I_{\pi yz}\mathbf{j} + I_{zz}\mathbf{k}\right)\right] = \\ &= \ddot{\vartheta}\cdot\left(-I_{\pi zx}\mathbf{i} - I_{\pi yz}\mathbf{j} + I_{zz}\mathbf{k}\right) + \dot{\vartheta}\cdot\left(-I_{\pi zx}\frac{d\mathbf{i}}{dt} - I_{\pi yz}\frac{d\mathbf{j}}{dt} + I_{zz}\frac{d\mathbf{k}}{dt}\right)\end{aligned} \qquad (6.2.10)$$

Applicando le formule di Poisson (2.9.3)

$$\begin{aligned}\frac{d\mathbf{i}}{dt} &= \boldsymbol{\omega}\wedge\mathbf{i} = \dot{\vartheta}\mathbf{k}\wedge\mathbf{i} = \dot{\vartheta}\mathbf{j} \\ \frac{d\mathbf{j}}{dt} &= \boldsymbol{\omega}\wedge\mathbf{j} = \dot{\vartheta}\mathbf{k}\wedge\mathbf{j} = -\dot{\vartheta}\mathbf{i} \\ \frac{d\mathbf{k}}{dt} &= \boldsymbol{\omega}\wedge\mathbf{k} = \dot{\vartheta}\mathbf{k}\wedge\mathbf{k} = \mathbf{0}\end{aligned} \qquad (6.2.11)$$

nella (6.2.10) si ha

$$\frac{d\mathbf{K}_O}{dt} = \ddot{\vartheta}\cdot\left(-I_{\pi zx}\mathbf{i} - I_{\pi yz}\mathbf{j} + I_{zz}\mathbf{k}\right) + \dot{\vartheta}\cdot\left(-I_{\pi zx}\dot{\vartheta}\mathbf{j} + I_{\pi yz}\dot{\vartheta}\mathbf{i}\right) \qquad (6.2.12)$$

Riordinando, si ha

$$\frac{d\mathbf{K}_O}{dt} = \left(I_{\pi yz}\dot{\vartheta}^2 - I_{\pi zx}\ddot{\vartheta}\right)\cdot\mathbf{i} - \left(I_{\pi zx}\dot{\vartheta}^2 + I_{\pi yz}\ddot{\vartheta}\right)\cdot\mathbf{j} + I_{zz}\ddot{\vartheta}\cdot\mathbf{k} \qquad (6.2.13)$$

Sostituendo la (6.2.13) nella seconda delle (6.1.1), si ha la seconda equazione cardinale della dinamica per un corpo rigido con un asse fisso (ovvero rotante intorno ad un asse)

$$\left(I_{\pi yz}\dot{\vartheta}^2 - I_{\pi zx}\ddot{\vartheta}\right)\cdot\mathbf{i} - \left(I_{\pi zx}\dot{\vartheta}^2 + I_{\pi yz}\ddot{\vartheta}\right)\cdot\mathbf{j} + I_{zz}\ddot{\vartheta}\cdot\mathbf{k} = \mathbf{M}_O^{(a)} + \mathbf{M}_O^{(v)} \qquad (6.2.14)$$

con $O \in r$ e quindi fisso di per se.

Proiettando tale equazione (6.2.14) sull'asse z (della terna solidale $Oxyz$), si ha $I_{zz}\ddot{\vartheta}\cdot = M_z^{(a)} + M_z^{(v)}$.

Se si suppone che l'asse fisso sia privo d'attrito, e cioè sia $M_{Oz}^{(v)} = 0$ (che vuol dire che l'asse r è in grado di esplicare solo reazioni applicate nei suoi punti) si ottiene in definitiva

$$I_{zz}\ddot{\vartheta}\cdot = M_z^{(a)} \qquad (6.2.15)$$

in cui $M_z^{(a)}$ è la componente lungo z del momento risultante delle forze attive agenti sul sistema Σ.

Si tenga presente che la forza attiva agente su P_s è $\mathbf{F}_{P_s} = \mathbf{F}(P_s, \dot{P}_s, t)$; la posizione di P_s è nota quando si conosce la relazione tra P_s e la coordinata scelta ϑ; inoltre è valida la (6.2.1), per cui è $M_z^{(a)} = M_z^{(a)}\left(\vartheta, \dot{\vartheta}, t\right)$ ed in definitiva è

$$I_{zz}\ddot{\vartheta} = M_z^{(a)}\left(\vartheta, \dot{\vartheta}, t\right) \qquad (6.2.16)$$

La (6.2.16) è l'equazione del moto del corpo rigido con asse fisso e privo d'attrito. Infatti, come si era detto all'inizio, poiché il sistema è ad 1 solo grado di libertà, è sufficiente una sola equazione scalare, appunto la (6.2.16) affinché, una volta assegnate le condizioni iniziali $\vartheta_0 = \vartheta(t_0)$, $\dot{\vartheta}_0 = \dot{\vartheta}(t_0)$ e l'azione $M_z^{(a)}\left(\vartheta, \dot{\vartheta}, t\right)$ (sufficientemente regolare), esista e sia unico il moto del sistema corpo rigido con asse fisso e privo d'attrito nel quale il Σ occupi all'istante t_0 la posizione di anomalia ϑ_0 con atto di moto $\alpha(t_0)$ prefissato.

Alla equazione (6.2.16) ci si può arrivare anche mediante il teorema delle forze vive la cui espressione nel caso particolare di corpo rigido (per il quale come si sa è $dL^{(i)} = 0$) è data dalla (5.7.6).

In questa in generale è

$$dL^{(e)} = dL^{(a)} + dL^{(v)} \qquad (6.2.17)$$

e cioè il lavoro elementare della sollecitazione esterna $dL^{(e)}$ è somma del lavoro elementare della sollecitazione attiva $dL^{(a)}$ e di quello della sollecitazione vincolare $dL^{(v)}$.

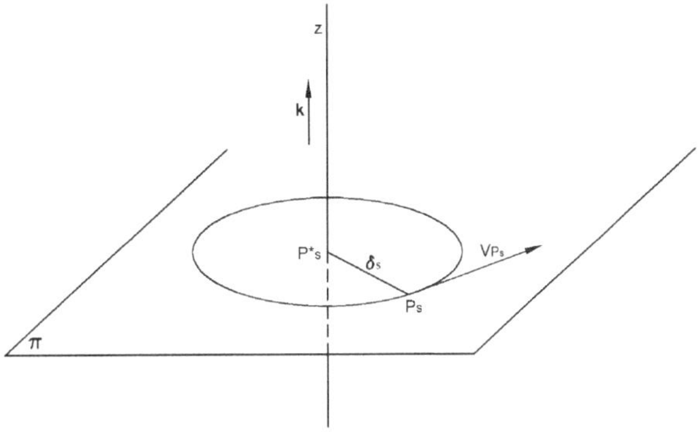

Fig. 6.2

Per il calcolo della variazione dell' energia cinetica $dT = \frac{1}{2}\sum_{s=1}^{N} m_s d\left(v_s^2\right)$ si tenga conto del fatto che, nel caso specifico di presenza di un asse fisso r intorno a cui quindi ruota il corpo, è valida la (6.2.1), che particolarizzata è

$$\forall \mathrm{O} \in \mathrm{r} \qquad \mathbf{v}_{Ps} = \left(O - P_s\right) \wedge \dot{\vartheta} \cdot \mathbf{k} \qquad \forall s = 1 \ldots N \qquad (6.2.18)$$

Per l'arbitrarietà della scelta del punto O sull'asse r, si può scegliere (vedi Fig. 6.2) $O \equiv P_s^* \quad \forall s = 1 \ldots N$ dove P_s^* è la proiezione di P_s su r; detta δ_s la distanza di P_s da r, cioè $\delta_s = \left|P_s P_s^*\right|$ si ha allora

$$\left|\mathbf{v}_s\right| = \left|P_sP_s^*\right|\left|\dot{\vartheta}\right| = \delta_s\left|\dot{\vartheta}\right| \Rightarrow v_s^2 = \dot{\vartheta}^2\delta_s^2$$

e pertanto $T = \frac{1}{2}\sum_{s=1}^{N} m_s v_s^2 = \frac{1}{2}\sum_{s=1}^{N} m_s \dot{\vartheta}^2\delta_s^2 = \frac{1}{2}\dot{\vartheta}^2\sum_{s=1}^{N} m_s\delta_s^2 = \frac{1}{2}I_{zz}\dot{\vartheta}^2$.

Differenziando quest'ultima, si ha l'espressione definitiva di dT da mettere nella (5.7.6) nel caso specifico

$$dT = \frac{1}{2}I_{zz}\cdot d\dot{\vartheta}^2 = I_{zz}\dot{\vartheta}\cdot d\dot{\vartheta} = I_{zz}\dot{\vartheta}\ddot{\vartheta}dt \tag{6.2.19}$$

Per quanto riguarda l'espressione di $dL^{(e)}$ da inserire nella (5.7.6), tenendo conto della (6.2.17) si osservi che essendo il sistema rigido vale la (5.6.8) e, nel caso specifico, poiché il punto O appartiene all'asse fisso r è $d\mathbf{O} = 0$; pertanto:

$$dL^{(a)} = \mathbf{M}_O^{(a)}\cdot\boldsymbol{\psi}; \quad dL^{(v)} = \mathbf{M}_O^{(v)}\cdot\boldsymbol{\psi} \tag{6.2.20}$$

in cui è $\boldsymbol{\psi} = \boldsymbol{\omega}dt = \dot{\vartheta}\mathbf{k}dt$. Allora, il lavoro elementare della sollecitazione attiva è

$$dL^{(a)} = \mathbf{M}_O^{(a)}\cdot\dot{\vartheta}\mathbf{k}dt = M_z^{(a)}\cdot\dot{\vartheta}dt \tag{6.2.21}$$

mentre quello della sollecitazione vincolare è

$$dL^{(v)} = \mathbf{M}_O^{(v)}\cdot\dot{\vartheta}\mathbf{k}dt = M_z^{(v)}\cdot\dot{\vartheta}dt \tag{6.2.22}$$

Sostituendo allora le (6.2.19), (6.2.21) e (6.2.22) nella (5.7.6) e semplificando il termine $\dot{\vartheta}dt$, si ha in definitiva

$$I_{zz}\ddot{\vartheta} = \left(M_z^{(a)} + M_z^{(v)}\right) \tag{6.2.23}$$

Se si suppone che il vincolo asse fisso sia privo d'attrito (cioè, come si è già detto, che l'asse r è in grado di esplicare solo reazioni applicate nei suoi punti) è $M_z^{(v)} = 0$ e si ottiene

$$I_{zz}\ddot{\vartheta} = M_z^{(a)} \tag{6.2.24}$$

La (6.2.24) coincide con la (6.2.15).

6.2.1 Esempio: pendolo composto

Si definisce pendolo composto un corpo rigido pesante con un asse fisso e privo d'attrito orizzontale e non passante per il baricentro G (Fig. 6.3). Sia $\alpha_F \equiv \pi_{\xi\zeta}$ il piano fisso verticale contenente l'asse fisso $r \equiv z \equiv \zeta$ ed $\alpha_s = \pi_{xz}$ il piano solidale al pendolo la cui posizione individua istante per istante l'angolo ϑ il cui valore è la coordinata libera scelta. Come già detto precedentemente $G \in \alpha_s$ è il baricentro del sistema; si indica con O la proiezione di G su ζ, con $\delta = |OH|$ la distanza di O dalla parallela ad α_F passante per G e con $h = |OG|$ la distanza di G da O (il segmento $\overline{OG}$ giace ovviamente in α_s). Nel triangolo rettangolo $O\widehat{H}G$ è $\delta = h \cdot \sin\vartheta$.

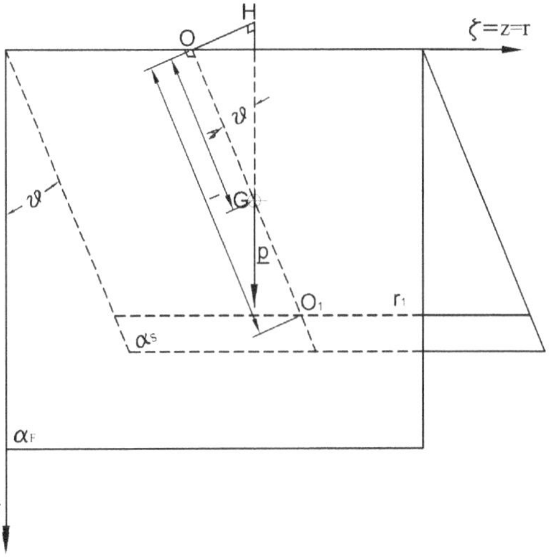

Fig. 6.3

La sollecitazione attiva agente sul sistema è equivalente alla sola forza peso $\mathbf{p} = m\mathbf{g}$ applicata nel baricentro G del sistema, cioè $\Sigma^{(a)} \equiv \{(G, m\mathbf{g})\}$ (m massa totale del pendolo e $\mathbf{g}$ accelerazione di gravità). Con i versi positivi degli assi adottati nella Fig. 6.3 è allora $M_z^{(a)} = -|\mathbf{p}| \cdot \delta$ (essendo $\mathbf{p}$ destrogiro rispetto a ζ). Sostituendo il valore di δ trovato in precedenza, si ha $M_z^{(a)} = -mgh \cdot \sin\vartheta$ e pertanto l'equazione del moto (6.2.24) assume la forma

$$I_{zz}\ddot{\vartheta} = -mgh \cdot \sin\vartheta \qquad (6.2.25)$$

Confrontando la (6.2.25) con quella di un pendolo semplice di lunghezza l (in cui la coordinata ϑ è l'inclinazione del pendolo rispetto alla verticale per il punto di sospensione)

$$\ddot{\vartheta} = -\frac{g}{l}\sin\vartheta \tag{6.2.26}$$

si vede che coinciderebbero per

$$l = \frac{I_{zz}}{m \cdot h} \tag{6.2.27}$$

Pertanto le oscillazioni di un pendolo composto intorno al suo asse avvengono con le stesse leggi di quelle di un pendolo semplice di uguale massa e lunghezza data dalla (6.2.27).

Se l'asse r passasse per G, la forza $\mathbf{p}$ sarebbe incidente ζ e quindi si avrebbe $\mathbf{M}_z = \mathbf{0} \;\Rightarrow\; M_z^{(a)} = 0$ e la (6.2.25) si ridurrebbe a $I_{zz}\ddot{\vartheta} = 0$. Questa, per fissate condizioni iniziali $\vartheta_0 = \vartheta(t_0)$, $\dot{\vartheta}_0 = \dot{\vartheta}(t_0)$, fornirebbe $\dot{\vartheta}(t) = \text{cost} = \dot{\vartheta}(t_0) = \dot{\vartheta}_0 \quad \forall t$ e cioè il moto del pendolo sarebbe banalmente una rotazione uniforme intorno all'asse se $\dot{\vartheta}_0 \neq 0$ oppure la quiete in posizione $\vartheta(t) = \vartheta_0 \quad \forall t$ se $\dot{\vartheta}_0 = 0$.

L'asse del pendolo si dice ase di sospensione ed il punto O centro di sospensione.

Si consideri adesso la retta OG e, su di essa, un punto O_1 tale che $|O_1O| = l$ con l dato dalla (6.2.27). Si tracci per O_1 la retta r_1 parallela ad r: essa si chiamerà retta di oscillazione e corrispondentemente O_1 centro di oscillazione. Si dimostrerà che il pendolo composto oscilla con le stesse leggi sia intorno all'asse di sospenzione r che intorno a quello di oscillazione r_1 e cioè le equazioni dei moti suddetti sono le stesse.

Allora il moto M intorno ad r ha equazione (6.2.26).

Si consideri il moto M_1 intorno ad r_1, ancora rigido con asse fisso e privo d'attrito per cui è

$$\ddot{\vartheta} = -\frac{g}{l_1}\sin\vartheta \tag{6.2.28}$$

dove, per la (6.2.27), è

$$l_1 = \frac{I_{1zz}}{m\cdot(l-h)} \tag{6.2.29}$$

essendo $O_1G = (l-h)$ e I_{1zz} il momento d'inerzia di massa rispetto all'asse r_1 del pendolo composto.

Si deve provare che $l = l_1$ affinchè le (6.2.26) e (6.2.28) coincidano.

Si osservi che $l-h>0$ cioè $l>h$ ovvero O_1 è da parte opposta ad O rispetto a G. Infatti, detta r_0 la retta parallela ad r passante per G e detto I_{0zz} il momento d'inerzia di massa del sistema rispetto ad essa, applicando il teorema di Huygens (4.2.1) nella (6.2.27) si ha $l = \frac{I_{0zz}+mh^2}{mh} = \frac{I_{0zz}}{mh} + h$ dalla quale si ha

$$l-h = \frac{I_{0zz}}{mh} > 0 \tag{6.2.30}$$

Applicando ancora il teorema di Huygens nella (6.2.29) si ha $l_1 = \frac{I_{0zz}+m(l-h)^2}{m(l-h)} = \frac{I_{0zz}}{m(l-h)} + (l-h)$. Sostituendo in quest'ultima la (6.2.30) si ha, con semplici passaggi, $l = l_1$.

6.2.2 Esempio: cimenti dinamici per un corpo rigidocon asse fisso e privo d'attrito

Si definisce cimento il vettore opposto alla reazione vincolare ovvero la forza che il sistema esercita sul vincolo. Il cimento è detto statico in condizioni di equilibrio statico, dinamico in condizioni di moto. Il calcolo dei cimenti è dunque necessario per il dimensionamento dei vincoli.

Trovato dunque il moto $\vartheta = \vartheta(t)$ di un corpo rigido con asse fisso, le equazioni cardinali della dinamica (per questo sistema per il quale sono in numero maggiore del numero di gradi di libertà) consentono di calcolare il risultante ed il momento risultante della reazione vincolare incognita. Si prende in esame la 1ª equazione cardinale in termini di teorema del baricentro (5.3.3) e si procede con il calcolo dell'accelerazione del baricentro $\ddot{G}$ nel caso specifico.

La formula (2.10.10) $\mathbf{a}_P = \mathbf{a}_Q - \omega^2 (P - P^*) + (Q - P) \wedge \boldsymbol{\alpha}$ fornisce, in un moto rigido generico, l' accelerazione di un punto P del sistema conoscendo quella di un punto Q arbitrario del sistema, del modulo della velocità angolare ω, dell' accelerazione angolare $\boldsymbol{\alpha} = \dot{\boldsymbol{\omega}}$ e della proiezione P^* del punto P su una retta r^* passante per Q e parallela ad $\boldsymbol{\omega}$ (vd. Fig. 2.6). Nel caso generale quindi, al variare del tempo t, se si lascia invariato Q, poiché $\boldsymbol{\omega}$ varia, cambia anche la retta r^* e, per un certo P la sua proiezione P^*: è cioè $r^* = r^*(t)$ e $P^* = P^*(t)$ Nel caso specifico invece (Fig. 2.6), poiché $\boldsymbol{\omega}$ ha direzione costante dovendo essere parallela ad r che è un asse fisso, si può scegliere per ogni P il punto Q (che è arbitrario) coincidente con la proiezione P^* (che non varia con la posizione del sistema) di P sull'asse fisso r (e quindi $r^* = r$). Pertanto si ha $Q = P^*$ $\mathbf{a}_Q = \mathbf{a}_{P^*} = \mathbf{0}$ e la (2.10.10) diventa

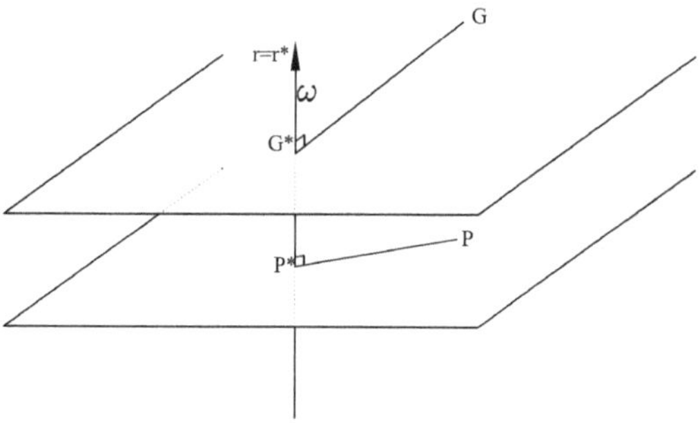

Fig. 6.4

$$\mathbf{a}_P = (P^* - P) \wedge \boldsymbol{\alpha} - \omega^2 (P - P^*) \tag{6.2.31}$$

Utilizzando la (6.2.31) per trovare $\mathbf{a}_G = \ddot{G}$ si ottiene

$$\ddot{G} = \left(G^* - G\right) \wedge \dot{\boldsymbol{\omega}} - \omega^2 \left(G - G^*\right) \tag{6.2.32}$$

e, esprimendo $\mathbf{R}^{(v)} = \mathbf{R}^{(e)} - \mathbf{R}^{(a)}$ utilizzando la (5.3.3), si ha

$$\mathbf{R}^{(v)} = m\ddot{G} - \mathbf{R}^{(a)} = m\left(G^* - G\right) \wedge \dot{\boldsymbol{\omega}} - m\omega^2 \left(G - G^*\right) - \mathbf{R}^{(a)} \tag{6.2.33}$$

Essendo $\boldsymbol{\omega} = \dot{\vartheta}\mathbf{k}$ è $\omega^2 = \dot{\vartheta}^2$ e, sostituendo nella (6.2.33), si ha

$$\mathbf{R}^{(v)} = m\left(G^* - G\right) \wedge \ddot{\vartheta}\mathbf{k} - m\dot{\vartheta}^2 \left(G - G^*\right) - \mathbf{R}^{(a)} \tag{6.2.34}$$

La (6.2.34) fornisce allora il valore di $\mathbf{R}^{(v)}$ se si conosce il moto $\vartheta = \vartheta(t)$.

Prendendo poi in esame la 2ª equazione cardinale della dinamica (5.4.6) ed esprimendo $\mathbf{M}_O^{(v)} = \mathbf{M}_O^{(e)} - \mathbf{M}_O^{(a)}$ si ha

$$\mathbf{M}_O^{(v)} = \frac{d\mathbf{K}_O}{dt} - \mathbf{M}_O^{(a)} \tag{6.2.35}$$

Sostituendo nella (6.2.35) l'espressione di $\dfrac{d\mathbf{K}_O}{dt}$ data dalla (6.2.13) si ha in definitiva

$$\mathbf{M}_O^{(v)} = \left(I_{\pi yz}\dot{\vartheta}^2 - I_{\pi zx}\ddot{\vartheta}\right)\cdot \mathbf{i} - \left(I_{\pi zx}\dot{\vartheta}^2 + I_{\pi yz}\ddot{\vartheta}\right)\cdot \mathbf{j} + I_{zz}\ddot{\vartheta}\cdot \mathbf{k} - \mathbf{M}_O^{(a)} \tag{6.2.36}$$

Nel caso particolare di moto uniforme, e cioè $\dot{\vartheta} = \text{costante}$ è $\ddot{\vartheta} = 0$ e la (6.2.36) si riduce a

$$\begin{aligned} \mathbf{R}^{(v)} &= -m\dot{\vartheta}^2 \left(G - G^*\right) - \mathbf{R}^{(a)} \\ \mathbf{M}_O^{(v)} &= I_{\pi yz}\dot{\vartheta}^2 \cdot \mathbf{i} - I_{\pi zx}\dot{\vartheta}^2 \cdot \mathbf{j} - \mathbf{M}_O^{(a)} \end{aligned} \tag{6.2.37}$$

Dalle (6.2.37) si vede che $\mathbf{R}^{(v)}, \mathbf{M}_O^{(v)}$ dipendono da $\dot{\vartheta}^2$ ed in particolare crescono con il quadrato della velocità angolare $\dot{\vartheta}$.

Per eliminare questa dipendenza ad $\mathbf{R}^{(v)}$, deve essere $G-G^{*}=\mathbf{0} \Rightarrow G \equiv G^{*}$ e cioè l'asse di rotazione r dev'essere baricentrico. In tal caso è $\mathbf{R}^{(v)}=-\mathbf{R}^{(a)}$ che è anche l'equazione di equilibrio statico e pertanto si può concludere che per un corpo rigido in rotazione intorno ad un asse fisso, quando l'asse di rotazione è baricentrico ed il moto è uniforme, il risultante del cimento dinamico coincide con quello del cimento statico.

Affinché $\mathbf{M}_{O}^{(v)}$ non dipenda da $\dot{\vartheta}^{2}$ deve invece essere $I_{\pi yz}=I_{\pi zx}=0$ cioè l'asse di rotazione deve coincidere con un asse principale d'inerzia.

Allora, in conclusione, in un moto rotatorio uniforme (ciò elimina la dipendenza del cimento da $\ddot{\vartheta}$), se l'asse di rotazione è baricentrico e centrale d'inerzia $\mathbf{R}^{(v)}$ ed $\mathbf{M}_{O}^{(v)}$ diventano indipendenti da $\dot{\vartheta}^{2}$ ed il cimento dinamico coincide con quello statico e quindi non dipende dalla velocità angolare.

6.3 DINAMICA DI UN CORPO RIGIDO CON UN PUNTO FISSO

6.3.1 Angoli di Eulero

Questo schema ha 3 gradi di libertà e saranno quindi necessarie 3 equazioni differenziali scalari nelle 3 coordinate lagrangiane per la determinazione del moto del sistema. Come si è visto nel paragrafo 2.3 relativo alla cinematica dei moti rigidi, una generica posizione di un corpo rigido può assegnarsi dando la posizione di un punto O (in genere l'origine della terna solidale) nel riferimento fisso tramite le coordinate $(\xi_{O}, \eta_{O}, \zeta_{O})$ e 3 dei 9 coseni direttori degli assi della terna solidale $(\alpha_{r}, \beta_{r}, \gamma_{r})$ $\forall$r=1…3, dovendo insieme agli altri soddisfare le equazioni (2.3.5) e (2.3.6).

Nel caso particolare che si sta trattando di corpo rigido con punto fisso, detto *O* proprio quest'ultimo, se ne fissa la posizione facendolo coincidere con l'origine Ω della terna fissa. A questo punto si dovrebbero scegliere 3 coseni direttori arbitrariamente e trovare i valori degli altri 6 in maniera che siano soddisfatte appunto le equazioni (2.3.5) e (2.3.6). Queste equazioni non sono però lineari nei coseni

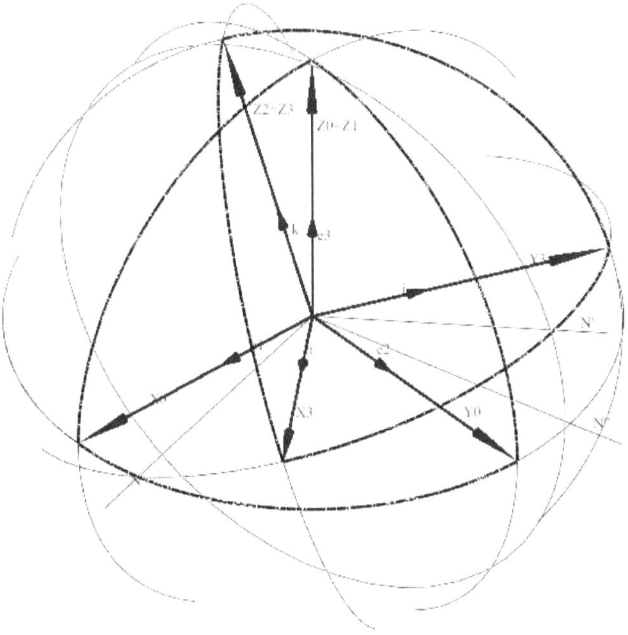

Fig. 6.5: Posizione genericadi un corpo rigido

direttori incogniti e, a prescindere dalle difficoltà che comporta la loro risoluzione, ammettono in generale più soluzioni. Ciò vuol dire, tra le altre cose, che ad un valore della terna di coseni direttori scelti come coordinate lagrangiane non corrisponde un'unica posizione possibile del corpo.

Per questi motivi non è certo quella appena detta la scelta di coordinate lagrangiane più opportuna. Tra quelle di maggiore interesse e praticità e che soprattutto sono in corrispondenza biunivoca con le posizioni di un corpo rigido con punto fisso, vi è la cosiddetta terna di angoli di Eulero. Come si vedrà essa consiste in una sequenza di 3 rotazioni intorno alle posizioni che via via assume uno degli assi della terna solidale al corpo.

Per mostrarla e dimostrarne la corrispondenza biunivoca con tutte le posizioni possibili del corpo rigido, si faccia innanzitutto riferimento alla Fig. 6.5 in cui sono rappresentate 2 posizioni distinte di un corpo rigido Σ mediante le rispettive posizioni della terna ad esso solidale $Ox_0y_0z_0$ e $Ox_3y_3z_3$. Se allora si suppone che la posizione $Ox_0y_0z_0$ della terna solidale coincide con la terna fissa, cioè $Ox_0y_0z_0 \equiv \Omega\xi\eta\psi$, si vuole far vedere che:

1. assegnata una qualsiasi posizione $Ox_3y_3z_3$, ad essa corrispondono univocamente 3 numeri che rappresentano 3 opportune rotazioni con le quali si passa dalla posizione iniziale $Ox_0y_0z_0 \equiv \Omega\xi\eta\psi$ alla posizione generica $Ox_3y_3z_3$
2. assegnando 3 angoli (numeri) è possibile, mediante corrispondenti rotazioni, ottenere univocamente una posizione del corpo Σ a partire da una posizione $Ox_0y_0z_0 \equiv \Omega\xi\eta\psi$.

Per dimostrare l'asserto 1 si osservi, sempre nella Fig. 6.5, che assegnate le 2 posizioni $.Ox_0y_0z_0 \equiv \Omega\xi\eta\psi$ e $Ox_3y_3z_3$ si individuano subito:

a) la retta N, detta linea dei nodi, intersezione dei piani $\pi_{x_0y_0}$ e $\pi_{x_3y_3}$ (a meno che non siano sovrapposti). Si osservi che poiché $\pi_{x_0y_0}$ è ortogonale a z_0 e $\pi_{x_3y_3}$ è ortogonale a z_3, N è (l'unica) retta perpendicolare sia a z_0 che a z_3 ed è quindi ortogonale al piano $\pi_{z_0z_3}$;

b) le rette N' ed N'' ottenute dalle intersezioni del piano $\pi_{z_0z_3}$ rispettivamente con i piani $\pi_{x_3y_3}$ e $\pi_{x_0y_0}$; ovviamente tali rette appartengono al piano $\pi_{z_0z_3}$ e quindi sono ognuna perpendicolare ad N.

Detti $\mathbf{e}_1, \mathbf{e}_2, \mathbf{e}_3$ i versori degli assi ξ, η, ψ, si orientino le rette N, N', N'' (Fig. 6.6) in modo tale che le terne, rispettivamente, Nz_0z_3, $NN''z_0$, $NN'z_3$ siano levogire. Si indichino infine con $\mathbf{n}, \mathbf{n}', \mathbf{n}''$ ordinatamente i versori delle rette N, N', N''. Si diranno allora:

a) angolo di nutazione, l'anomalia ϑ_2 dell'asse z_3 computata a partire da z_0 in senso levogiro intorno alla retta dei nodi N;

b) angolo di precessione, l'anomalia ψ_3 della retta dei nodi N computata a partire da x_0 in senso levogiro intorno all'asse $z_0 \equiv \zeta$ (asse fisso);

c) angolo di rotazione propria, l'anomalia ψ_3 dell'asse x_3 computata a partire dalla retta dei nodi N in senso levogiro intorno all'asse z_3 (asse solidale).

I parametri $\varphi_3, \vartheta_1, \psi_3$ (i cui pedici indicano l'asse intorno a cui si è ruotato $1 \to x, 2 \to y, 3 \to z$), si chiamano angoli di Eulero della terna $\mathrm{T}_{O_3} \equiv Ox_3y_3z_3$ rispetto alla terna $\mathrm{T}_{O_0} \equiv Ox_0y_0z_0$ ovvero rispetto a quella fissa $\tau_\Omega \equiv \Omega\xi\eta\psi$ (essendo $\mathrm{T}_{O_0} \equiv \tau_\Omega$).

Riguardo l'asserto 2, si vede subito che ad ogni terna di valori $\overline{\varphi}_3, \overline{\vartheta}_1, \overline{\psi}_3$ corrisponde una ed una sola posizione di $T_{O_3} \equiv Ox_3y_3z_3$ (in cui

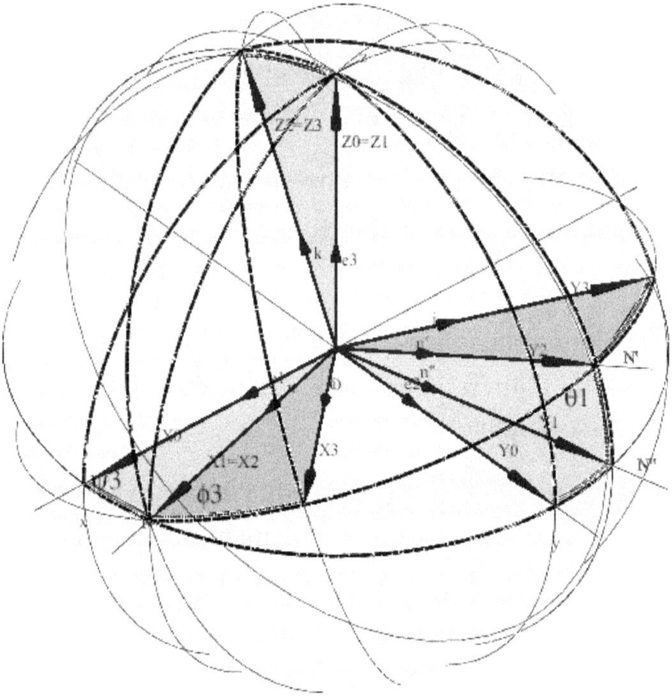

Fig. 6.6: angoli di Eulero

z_3 non risulta parallelo a z_0), con le seguenti limitazioni

$$0 \leq \overline{\varphi}_3 < 2\pi, \quad 0 < \overline{\vartheta}_1 < \pi, \quad 0 \leq \overline{\psi}_3 < 2\pi . \tag{6.3.1}$$

Basta infatti seguire la seguente procedura:

1. a partire da $\xi \equiv x_0$, sul piano $\xi\eta \equiv x_0y_0$ normale a $z_0 \equiv \zeta$, mediante l'angolo $\overline{\psi}_3$, si determina N;

2. sul piano normale ad N passante per $\Omega \equiv O$ (contenente quindi gli assi x_0 ed x_3) a partire da $\zeta = z_0$, mediante $\overline{\vartheta}_1$ si trova l'asse x_3;
3. sul piano normale a z_3, passante per $\Omega \equiv O$, a partire da N mediante $\overline{\varphi}_3$, si trova l'asse x_3;
4. conoscendo gli assi x_3 e z_3 si trova univocamente l'asse y_3 della terna ortogonale levogira $\mathrm{T}_{O_3} \equiv Ox_3y_3z_3$.

Per quanto riguarda le limitazioni indicate nella (6.3.1) si vede subito che se fosse $\overline{\vartheta}_1 = 0$ o $\overline{\vartheta}_1 = \dfrac{\pi}{2}$ sarebbe $z_3 \equiv z_0 \equiv \zeta$, cioè $\pi_{x_3 z_3} = \pi_{x_0 z_0} = \xi\zeta$ e quindi la retta N, gli angoli $\overline{\varphi}_3, \overline{\psi}_3$ nonché la loro somma $\overline{\varphi}_3 + \overline{\psi}_3$ sarebbero indeterminati. Le limitazioni evidenziate dalle diseguaglianze strette solo da un lato delle relazioni che limitano $\overline{\varphi}_3$ e $\overline{\psi}_3$ sono banalmente dovute al fatto che si avrebbe la stessa posizione del corpo per i due valori 0 e 2π di ognuno dei due angoli facendo così venir meno la corrispondenza biunivoca tra posizioni del corpo e valori degli angoli di Eulero.

D'ora in poi non si useranno più gli indici numerici per identificare le posizioni della terna solidale per cui la posizione iniziale di questa, che è sempre coincisa con la terna fissa, la indicheremo direttamente come terna fissa τ_Ω, mentre la generica posizione (finora indicata con $\mathrm{T}_{O_3} \equiv Ox_3y_3z_3$) la si indicherà con $\mathrm{T}_O \equiv Oxyz$.

Per quanto detto, in definitiva, nello studio del moto rispetto a τ_Ω di un corpo rigido fissato in O, si possono assumere come coordinate lagrangiane di Σ, gli angoli di Eulero di una terna solidale T_O rispetto a quella fissa τ_O.

6.3.1.a Espressione dei coseni direttori degli assi della terna solidale mediante gli angoli di Eulero

Si vogliono adesso esprimere i valori delle componenti $\alpha_i, \beta_i, \gamma_i \quad i = 1, \dots, 3$ dei versori degli assi della terna solidale $\mathrm{T}_O \equiv Oxyz$ corrispondenti ad un assegnato valore degli angoli di Eulero. Basterà trovare le espressioni dei versori $\mathbf{i}, \mathbf{j}, \mathbf{k}$ della terna solidale mediante gli angoli di Eulero $\varphi_3, \vartheta_1, \psi_3$ e i versori $\mathbf{e}_1, \mathbf{e}_2, \mathbf{e}_3$ degli assi della terna fissa $\tau_O \equiv O\xi\eta\psi \equiv Ox_0y_0z_0$. Con le notazioni adottate nel paragrafo precedente, tenendo conto che $\mathbf{n} \cdot \mathbf{n}' = 0$, $\mathbf{n} \cdot \mathbf{n}'' = 0$ cioè che $\mathbf{n}$ è perpendicolare sia a $\mathbf{n}'$ che a $\mathbf{n}''$, dalla Fig. 6.6 si ha

$$
\begin{aligned}
&\mathbf{i} = \cos\varphi_3 \cdot \mathbf{n} + \sin\varphi_3 \cdot \mathbf{n}' \\
&\mathbf{j} = -\sin\varphi_3 \cdot \mathbf{n} + \cos\varphi_3 \cdot \mathbf{n}' \qquad (6.3.2) \\
&\mathbf{k} = \sin\left(\frac{\pi}{2} + \vartheta_1\right) \cdot \mathbf{n}'' + \cos\vartheta_1 \cdot \mathbf{e}_3 = -\sin\vartheta_1 \cdot \mathbf{n}'' + \cos\vartheta_1 \cdot \mathbf{e}_3
\end{aligned}
$$

e poiché è

$$
\begin{aligned}
&\mathbf{n} = \cos\psi_3 \cdot \mathbf{e}_1 + \sin\psi_3 \cdot \mathbf{e}_2 \\
&\mathbf{n}' = \cos\vartheta_1 \cdot \mathbf{n}'' + \sin\vartheta_1 \cdot \mathbf{e}_3 \\
&\mathbf{n}'' = \cos\left(\frac{\pi}{2} + \psi_3\right) \cdot \mathbf{e}_1 + \sin\left(\frac{\pi}{2} + \psi_3\right) \cdot \mathbf{e}_2 = \qquad (6.3.3) \\
&\quad = -\sin\psi_3 \cdot \mathbf{e}_1 + \cos\psi_3 \cdot \mathbf{e}_2
\end{aligned}
$$

si ha

$$
\mathbf{n}' = -\cos\vartheta_1 \sin\psi_3 \cdot \mathbf{e}_1 + \cos\vartheta_1 \cos\psi_3 \cdot \mathbf{e}_2 + \sin\vartheta \cdot \mathbf{e}_3 \qquad (6.3.4)
$$

e quindi

$$\begin{aligned}
\mathbf{i} &= \left(\cos\varphi_3 \cos\psi_3 - \sin\varphi_3 \sin\psi_3 \cos\vartheta_1\right)\cdot \mathbf{e}_1 + \\
&+ \left(\cos\varphi_3 \sin\psi_3 + \sin\varphi_3 \cos\psi_3 \cos\vartheta_1\right)\cdot \mathbf{e}_2 + \sin\varphi_3 \sin\vartheta_1 \cdot \mathbf{e}_3 \\
\mathbf{j} &= -\left(\sin\varphi_3 \cos\psi_3 + \cos\varphi_3 \sin\psi_3 \cos\vartheta_1\right)\cdot \mathbf{e}_1 + \\
&+ \left(-\sin\varphi_3 \sin\psi_3 + \cos\varphi_3 \cos\psi_3 \cos\vartheta_1\right)\cdot \mathbf{e}_2 + \cos\varphi_3 \sin\vartheta_1 \cdot \mathbf{e}_3 \\
\mathbf{k} &= \sin\psi_3 \sin\vartheta_1 \cdot \mathbf{e}_1 - \cos\psi_3 \sin\vartheta_1 \cdot \mathbf{e}_2 + \cos\vartheta_1 \cdot \mathbf{e}_3
\end{aligned} \tag{6.3.5}$$

In definitiva proiettando la (6.3.5) sugli assi della terna τ_O si ha

$$\begin{aligned}
\alpha_1 &= \cos\varphi_3 \cos\psi_3 - \sin\varphi_3 \sin\psi_3 \cos\vartheta_1 \\
\beta_1 &= \cos\varphi_3 \sin\psi_3 + \sin\varphi_3 \cos\psi_3 \cos\vartheta_1 \\
\gamma_1 &= \sin\varphi_3 \sin\vartheta_1 \\
\alpha_2 &= -\sin\varphi_3 \cos\psi_3 - \cos\varphi_3 \sin\psi_3 \cos\vartheta_1 \\
\beta_2 &= -\sin\varphi_3 \sin\psi_3 + \cos\varphi_3 \cos\psi_3 \cos\vartheta_1 \\
\gamma_2 &= \cos\varphi_3 \sin\vartheta_1 \\
\alpha_3 &= \sin\psi_3 \sin\vartheta_1 \\
\beta_3 &= -\cos\psi_3 \sin\vartheta_1 \\
\gamma_3 &= \cos\vartheta_1
\end{aligned} \tag{6.3.6}$$

6.3.1.b Relazioni tra le componenti della velocità angolare e gli angoli di Eulero

Si indichi con $\boldsymbol{\omega}$ al velocità angolare del corpo rigido Σ rispetto alla terna fissa $\tau_\Omega \equiv \Omega\xi\eta\psi$ che, nel caso di punto fisso O, disponendo $\Omega \equiv O$ è $\tau_O \equiv O\xi\eta\psi$. Siano p,q,r le componenti di $\boldsymbol{\omega}$ nella terna solidale (mobile) $\mathrm{T}_O \equiv Oxyz$. Si avrà allora

$$\boldsymbol{\omega} = p\cdot\mathbf{i} + q\cdot\mathbf{j} + r\cdot\mathbf{k} \tag{6.3.7}$$

Al tempo stesso, per il principio dei moti relativi valido per i moti rigidi che avvengono intorno ad assi concorrenti (paragrafo 2.12.1.a), osservando che durante il moto di Σ la terna solidale $\mathrm{T}_O \equiv Oxyz$ ruota con velocità angolare $\dot{\varphi}_3\mathbf{k}$ (velocità di rotazione) rispetto al riferimento

$ONN'z$, la terna $ONN'z$ ruota con velocità angolare $\dot{\vartheta}_1\mathbf{n}$ (velocità di nutazione) rispetto al riferimento $ONN''\zeta$ e quest'ultima ruota con velocità angolare $\dot{\psi}_3\mathbf{e}_3$ (velocità di precessione) rispetto al riferimento fisso $\tau_O \equiv O\xi\eta\psi$, si ha

$$\boldsymbol{\omega} = \dot{\vartheta}_1\mathbf{n} + \dot{\psi}_3\mathbf{e}_3 + \dot{\varphi}_3\mathbf{k} \tag{6.3.8}$$

Dalla Fig. 6.6 si ricava

$$\mathbf{n} = \cos\varphi_3 \cdot \mathbf{i} - \sin\varphi_3 \cdot \mathbf{j} \tag{6.3.9}$$

e $\mathbf{e}_3 = \sin\vartheta_1\mathbf{n}' + \cos\vartheta_1\mathbf{k}$ sostituendo nella quale $\mathbf{n}' = \sin\varphi_3 \cdot \mathbf{i} + \cos\varphi_3 \cdot \mathbf{j}$ si ha

$$\mathbf{e}_3 = \sin\vartheta_1 \sin\varphi_3 \cdot \mathbf{i} + \sin\vartheta_1 \cos\varphi_3 \cdot \mathbf{j} + \cos\vartheta_1\mathbf{k}\,. \tag{6.3.10}$$

Sostituendo le (6.3.9) e (6.3.10) nella (6.3.8), si ha in definitiva

$$\begin{aligned}\boldsymbol{\omega} = &\left(\dot{\vartheta}_1 \cos\varphi_3 + \dot{\psi}_3 \sin\vartheta_1 \sin\varphi_3\right)\mathbf{i} + \\ &+\left(-\dot{\vartheta}_1 \sin\varphi_3 + \dot{\psi}_3 \sin\vartheta_1 \cos\varphi_3\right)\mathbf{j} + \\ &+\left(\dot{\varphi}_3 + \dot{\psi}_3 \cos\vartheta_1\right)\mathbf{k}\end{aligned} \tag{6.3.11}$$

Confrontando la (6.3.11) con la (6.3.7) si ha

$$\begin{aligned}p &= \dot{\vartheta}_1 \cos\varphi_3 + \dot{\psi}_3 \sin\vartheta_1 \sin\varphi_3 \\ q &= -\dot{\vartheta}_1 \sin\varphi_3 + \dot{\psi}_3 \sin\vartheta_1 \cos\varphi_3 \\ \mathrm{r} &= \dot{\varphi}_3 + \dot{\psi}_3 \cos\vartheta_1\end{aligned} \tag{6.3.12}$$

che esprime le componenti della velocità angolare $\boldsymbol{\omega}$ in funzione degli angoli di Eulero $\varphi_3, \vartheta_1, \psi_3$ e delle rispettive velocità angolari $\dot{\varphi}_3, \dot{\vartheta}_1, \dot{\psi}_3$.

Le (6.3.12) possono risolversi in $\dot{\varphi}_3, \dot{\vartheta}_1, \dot{\psi}_3$ ottenendo

$$\dot{\vartheta}_1 = p\cos\varphi_3 - q\sin\varphi_3$$
$$\dot{\psi}_3 = \frac{1}{\sin\vartheta_1}\left(p\sin\varphi_3 + q\cos\varphi_3\right) \qquad (6.3.13)$$
$$\dot{\varphi}_3 = r - \frac{1}{\tan\vartheta_1}\left(p\sin\varphi_3 + q\cos\varphi_3\right)$$

che costituiscono un sistema di 3 equazioni differenziali del primo ordine in $\varphi_3, \vartheta_1, \psi_3$ nei parametri (p, q, r, t).

6.3.2 **Equazioni del moto del corpo rigido con un punto fisso** O

Si scriveranno le equazioni del moto di un corpo rigido con un punto fisso partendo dalle equazioni cardinali della dinamica nella 2ª forma (5.5.1). E' necessario allora trovare l'espressione di $\mathbf{K}_O$ e dell'energia cinetica T per questo schema. Per definire la posizione della terna solidale T_O rispetto a quella fissa τ_Ω si useranno gli angoli di Eulero, avendo imposto il punto fisso $O \equiv \Omega$. Si tenga presente che, per questo schema, il vettore $\boldsymbol{\omega}$ non è costante né in modulo, né in direzione e la sua espressione è quella data dalla (6.3.7) in termini di componenti nella terna solidale T_O.

Poichè per il moto rigido vale la 2ª proprietà dei moti rigidi espressa dalla (2.7.16) che, scegliendo $Q \equiv O$ si particolarizza in

$$\mathbf{v}_P = (O - P_s) \wedge \boldsymbol{\omega} = \boldsymbol{\omega} \wedge (P_s - O) \quad \forall \mathrm{P}_s \in \Sigma \qquad (6.3.14)$$

essendo $\mathbf{v}_O = \mathbf{0}$.

6.3.2.a **Momento della quantità di moto $\mathbf{K}_O$ del corpo rigido con un punto fisso**

Sostituendo la (6.3.14) nella (5.4.1) si ha

$$\mathbf{K}_O = \sum_{s=1}^{N} m_s (P_s - O) \wedge [\boldsymbol{\omega} \wedge (P_s - O)] = \\ = \sum_{s=1}^{N} m_s \left\{ (P_s - O)^2 \boldsymbol{\omega} - [(P_s - O) \cdot \boldsymbol{\omega}](P_s - O) \right\} \tag{6.3.15}$$

Dette adesso x_s, y_s, z_s le coordinate di P_s nella terna solidale T_O si ha:

$$(P_s - O) = x_s \cdot \mathbf{i} + y_s \cdot \mathbf{j} + z_s \cdot \mathbf{k}; \\ (P_s - O)^2 = x_s^2 + y_s^2 + z_s^2; \\ (P_s - O) \cdot \boldsymbol{\omega} = p x_s + q y_s + r z_s; \tag{6.3.16}$$

che sostituite nella (6.3.15) insieme alla (6.3.7) danno

$$\mathbf{K}_O = \sum_{s=1}^{N} m_s \left\{ \begin{aligned} & (x_s^2 + y_s^2 + z_s^2)(p \cdot \mathbf{i} + q \cdot \mathbf{j} + r \cdot \mathbf{k}) + \\ & -(p x_s + q y_s + r z_s)(x_s \cdot \mathbf{i} + y_s \cdot \mathbf{j} + z_s \cdot \mathbf{k}) \end{aligned} \right\} \tag{6.3.17}$$

Proiettando la (6.3.17) sugli assi della terna solidale (osservando che poiché O appartiene all' asse x la componente del momento rispetto ad x coincide con il momento assiale rispetto ad x, e così anche per gli assi y e z), si ha

$$(\mathbf{K}_O)_x = K_x = \sum_{s=1}^{N} m_s \left\{ p \cdot (x_s^2 + y_s^2 + z_s^2) - (p x_s + q y_s + r z_s) \cdot x_s \right\} = \\ = p \cdot \sum_{s=1}^{N} m_s (y_s^2 + z_s^2) - q \cdot \sum_{s=1}^{N} m_s x_s y_s - r \cdot \sum_{s=1}^{N} m_s x_s z_s \tag{6.3.18}$$

Procedendo nello stesso modo per le componenti $(\mathbf{K}_O)_y, (\mathbf{K}_O)_z$ e ricordando le (4.1.3) e (4.1.4), si ottiene

$$K_x = I_{xx} \cdot p - I_{xy} \cdot q - I_{xz} \cdot r \\ K_y = -I_{xy} \cdot p + I_{yy} \cdot q - I_{yz} \cdot r \\ K_z = -I_{xz} \cdot p - I_{yz} \cdot q + I_{zz} \cdot r \tag{6.3.19}$$

che sono le proiezioni sugli assi della terna solidale dell'espressione

$$\begin{aligned}\mathbf{K}_O = &\left(I_{xx}p - I_{xy}q - I_{xz}r\right)\cdot\mathbf{i} + \\ &+\left(-I_{xy}p + I_{yy}q - I_{yz}r\right)\cdot\mathbf{j} + \\ &+\left(-I_{xz}p - I_{yz}q + I_{zz}r\right)\cdot\mathbf{k}\end{aligned} \tag{6.3.20}$$

che esprime $\mathbf{K}_O$ nella terna solidale qualunque sia quest'ultima con origine nel punto fisso O.

Se, a questo punto, si considera l'ellissoide d'inerzia rispetto ad O del corpo Σ e si sceglie la terna solidale T_O coincidente con quella principale d'inerzia rispetto al punto fisso O è, per definizione (vedi paragrafo 4.2.4) $I_{yz} = I_{zx} = I_{xy} = 0$ e la (6.3.20) si riduce a

$$\mathbf{K}_O = I_{xx}p\cdot\mathbf{i} + I_{yy}q\cdot\mathbf{j} + I_{zz}r\cdot\mathbf{k} \tag{6.3.21}$$

D'ora in poi si effettuerà sempre questa scelta della terna solidale T_O.

6.3.2.b **Energia cinetica T del corpo rigido con un punto fisso O**

Dette v_{sx}, v_{sy}, v_{sz} le componenti della velocità di P_s, l'espressone dell'energia cinetica (5.7.2) in termini delle componenti della velocità $\mathbf{v}_s$ sugli assi della terna solidale T_O di un corpo rigido, è

$$T = \frac{1}{2}\sum_{s=1}^{N} m_s\left(v_{sx}^2 + v_{sy}^2 + v_{sz}^2\right) \tag{6.3.22}$$

Dalla (6.3.14) si ricavano tali componenti per il corpo rigido con punto fisso O [§§]

[§§] si ricorda che: $\mathbf{v}_P = \boldsymbol{\omega}\wedge\left(P_s - O\right) = \begin{vmatrix}\mathbf{i} & \mathbf{j} & \mathbf{k}\\ p & q & r\\ x_s & y_s & z_s\end{vmatrix}$

$$v_{sx} = qz_s - ry_s; \quad v_{sy} = rx_s - pz_s; \quad v_{sz} = py_s - qx_s \tag{6.3.23}$$

Sostituendo le (6.3.23) nella (6.3.22) si ha

$$T = \frac{1}{2}\sum_{s=1}^{N} m_s \left[\left(qz_s - ry_s\right)^2 + \left(rx_s - pz_s\right)^2 + \left(py_s - qx_s\right)^2 \right] \tag{6.3.24}$$

che, dopo alcuni passaggi conduce all'espressione definitiva

$$T = \frac{1}{2}\left(I_{xx}p^2 + I_{yy}q^2 + I_{zz}r^2 - 2I_{yz}qr - 2I_{zx}rp - 2I_{xy}pq\right) \tag{6.3.25}$$

Scegliendo la terna solidale T_O coincidente con quella principale d'inerzia rispetto al punto fisso O, la (6.3.25) si riduce a

$$T = \frac{1}{2}\left(I_{xx}p^2 + I_{yy}q^2 + I_{zz}r^2\right) \tag{6.3.26}$$

6.3.2.c **Scrittura delle equazioni del moto di un corpo rigido con un punto fisso O**

Per la scrittura delle equazioni del moto di un corpo rigido con un punto fisso O si utilizzerà la seconda delle equazioni cardinali della dinamica nella 2^a forma (5.5.1) e pertanto è necessario il calcolo di $\frac{d\mathbf{K}_O}{dt}$. A partire allora dalla (6.3.21) si ha

$$\begin{aligned} \frac{d\mathbf{K}_O}{dt} &= \frac{d}{dt}\left(I_{xx}p\cdot\mathbf{i} + I_{yy}q\cdot\mathbf{j} + I_{zz}r\cdot\mathbf{k}\right) = \\ &= I_{xx}\dot{p}\cdot\mathbf{i} + I_{yy}\dot{q}\cdot\mathbf{j} + I_{zz}\dot{r}\cdot\mathbf{k} + I_{xx}p\cdot\frac{d\mathbf{i}}{dt} + I_{yy}q\cdot\frac{d\mathbf{j}}{dt} + I_{zz}r\cdot\frac{d\mathbf{k}}{dt} \end{aligned} \tag{6.3.27}$$

Tenendo conto delle formule di Poisson (2.9.3) la (6.3.27) diventa

$$\frac{d\mathbf{K}_O}{dt} = I_{xx}\dot{p}\cdot\mathbf{i} + I_{yy}\dot{q}\cdot\mathbf{j} + I_{zz}\dot{r}\cdot\mathbf{k} + \boldsymbol{\omega}\wedge\left(I_{xx}p\cdot\mathbf{i} + I_{yy}q\cdot\mathbf{j} + I_{zz}r\cdot\mathbf{k}\right) \tag{6.3.28}$$

e cioè

$$\frac{d\mathbf{K}_O}{dt} = I_{xx}\dot{p} \cdot \mathbf{i} + I_{yy}\dot{q} \cdot \mathbf{j} + I_{zz}\dot{r} \cdot \mathbf{k} + \boldsymbol{\omega} \wedge \mathbf{K}_O \tag{6.3.29}$$

Si può allora scrivere la seconda delle equazioni cardinali della dinamica nella 2ª forma (5.5.1)

$$I_{xx}\dot{p} \cdot \mathbf{i} + I_{yy}\dot{q} \cdot \mathbf{j} + I_{zz}\dot{r} \cdot \mathbf{k} + \boldsymbol{\omega} \wedge \mathbf{K}_O = \mathbf{M}_O^{(a)} \quad \forall t \tag{6.3.30}$$

Proiettando la (6.3.30) sugli assi della terna solidale*** e osservando che le componenti sugli assi di $\mathbf{M}_O$ con O punto fisso coincidono con i momenti assiali perché O appartiene agli assi, si ha

$$\begin{cases} I_{xx} \cdot \dot{p} - \left(I_{yy} - I_{zz}\right) \cdot qr = M_x^{(a)} \\ I_{yy} \cdot \dot{q} - \left(I_{zz} - I_{xx}\right) \cdot pr = M_y^{(a)} \\ I_{zz} \cdot \dot{r} - \left(I_{xx} - I_{yy}\right) \cdot pq = M_z^{(a)} \end{cases} \tag{6.3.31}$$

Le (6.3.31) si chiamano equazioni di Eulero nelle incognite $p = p(t)$, $q = q(t)$, $r = r(t)$.

Esse sono del 1° ordine non lineari nelle incognite (compaiono i prodotti tra le incognite p, q, r).

In generale inoltre, esse non sono sufficienti a caratterizzare il moto del sistema poiché le grandezze al 2° membro sono funzioni anche della posizione e della velocità del corpo rigido e cioè degli angoli di Eulero e delle componenti della velocità angolare (oltre che del tempo t esplicitamente). Infatti la generica forza esterna agente sul punto P_s è in generale funzione della posizione della posizione e della velocità di questo, cioè $\mathbf{F}_s = \mathbf{F}_s\left(P_s, \dot{P}_s, t\right)$. Poiché la posizione di P_s dipende dagli angoli di Eulero $\varphi_3, \vartheta_1, \psi_3$ e la sua velocità per la (6.3.14) dipende oltre

*** tenendo conto che $\boldsymbol{\omega} \wedge \mathbf{K}_O = \begin{vmatrix} \mathbf{i} & \mathbf{j} & \mathbf{k} \\ p & q & r \\ I_{xx}p & I_{yy}q & I_{zz}r \end{vmatrix}$

che dalla sua posizione anche dalla velocità angolare e quindi dalle componenti di questa sugli assi p,q,r le equazioni di Eulero (6.3.31) nella forma generale sono del tipo

$$\begin{cases} I_{xx}\cdot\dot{p}-\left(I_{yy}-I_{zz}\right)\cdot qr = M_x^{(a)}\left(\varphi_3,\vartheta_1,\psi_3,p,q,r,t\right) \\ I_{yy}\cdot\dot{q}-\left(I_{zz}-I_{xx}\right)\cdot pr = M_y^{(a)}\left(\varphi_3,\vartheta_1,\psi_3,p,q,r,t\right) \\ I_{zz}\cdot\dot{r}-\left(I_{xx}-I_{yy}\right)\cdot pq = M_z^{(a)}\left(\varphi_3,\vartheta_1,\psi_3,p,q,r,t\right) \end{cases} \qquad (6.3.32)$$

Per la determinazione del moto del corpo rigido con punto fisso è necessario associare alle (6.3.32) le equazioni (6.3.13) che, come si ricorderà costituiscono a loro volta un sistema di 3 equazioni differenziali del primo ordine in $\varphi_3,\vartheta_1,\psi_3$ nei parametri $\left(p,q,r,t\right)$.

Pertanto il sistema di 6 equazioni differenziali (6.3.32) e (6.3.13) nelle 6 incognite $\varphi_3\left(t\right),\vartheta_1\left(t\right),\psi_3\left(t\right),p\left(t\right),q\left(t\right),r\left(t\right)$ fornirà il moto del sistema una volta assegnate le condizioni iniziali in termini della posizione e della velocità iniziale del sistema, ovvero una volta assegnato l'atto di moto iniziale $\alpha\left(t_0\right)$ del sistema

$$\begin{aligned} \varphi_3\left(t_0\right)&=\varphi_{3,0} & p\left(t_0\right)&=p_0 \\ \vartheta_1\left(t_0\right)&=\vartheta_{1,0} & q\left(t_0\right)&=q_0 \\ \psi_3\left(t_0\right)&=\psi_{3,0} & r\left(t_0\right)&=r_0 \end{aligned} \qquad (6.3.33)$$

e se le funzioni $M_x^{(a)},M_y^{(a)},M_z^{(a)}$ sono sufficientemente regolari ad esempio continue con le loro derivate prime (teorema di esistenza e unicità della soluzione di un sistema di equazioni differenziali).

Si può pertanto concludere che se le funzioni $M_x^{(a)},M_y^{(a)},M_z^{(a)}$ sono sufficientemente regolari esiste uno ed un solo moto del corpo rigido con un punto fisso e privo d'attrito nel quale il sistema all'istante iniziale t_0 occupa la posizione iniziale con atto di moto $\alpha\left(t_0\right)$ prefissato.

Bibliografia

Amaldi – Levi Civita	Lezioni di meccanica razionale,	Zanichelli Bologna,	1950
Tolotti,	Lezioni di meccanica razionale,	Liguori Napoli,	1961
Stoppelli,	Appunti di meccanica razionale,	Liguori Napoli,	1976
D'Anna - Renno,	Elementi di meccanica razionale voll. 1 e 2,	CUEN Napoli,	1992

Indice analitico

M

P

R

S

T

V

www.ingramcontent.com/pod-product-compliance
Lightning Source LLC
Chambersburg PA
CBHW060850170526
45158CB00001B/299
* 9 7 8 1 2 9 1 5 3 4 1 3 9 *